하나의 세포가 어떻게 인간이 되는가

THE TRIUMPH OF THE EMBRYO

THE TRIUMPH OF THE EMBRYO

by Lewis Wolpert
All Rights Reserved

하나의 세포가
어떻게 인간이 되는가

루이스 월퍼트 지음 | 최돈찬 옮김

궁리
KungRee

차례

THE TRIUMPH OF THE EMBRYO

오랫동안 이런 책을 쓰려고 생각해 왔다. 배아(embryo)가 어떻게 발생하는가에 대해 일반인들도 쉽게 배울 수 있는 책은 아직 없다. 배아의 발생 과정은 현대 생물학에서 가장 흥미로운 주제 중의 하나이기 때문에 이는 대단히 애석한 일이다. 뇌가 작동하는 방법을 이해하려는 노력과 더불어 이는 우리 시대의 생명 과학에서 가장 큰 과제라고 말할 수 있다. 발생 문제란 어떻게 하나의 단세포인 수정란이 인간을 포함한 모든 동물로 되는가 하는 것이다. 곧 생명 그 자체에 대한 것이다. 이 과제를 연구하는 사람들조차도 이 놀라운 과정에 대해 경이로움을 잃지 못한다.

이 책은 영국 왕립과학연구소(Royal Institution)에서 「프랑켄슈타인을 찾아서」라는 주제로 1986년 크리스마스에 했던 강연을 토대로 하여 쓰게 되었다. 그러나 인용된 자료들은 최근 것으로 계속 변경시켰다. 있는 그대로 현장의 모습을 독자들에게 보여주려고 했으나 사실은 개인적 견해가 부지불식간에 가미되었을 것이다. 내가 택한 예들이나 강조한 과정들이 이 분야에서 종사하고 있는 다른 사람들과 다르다는 것은 의심하지 않는다. 나의 가장 심한 편견은 배아의 발생과정을 설명하는 데 통일된 원리(일정한 원칙)가 있다는 것이다. 즉, 어느 정도의 수준에서 볼 때 모든 동물의 발생에 사용되는 기작은 단지 몇 개의 기본적인 것들뿐이다. 내가 옳은지 그른지는 아직 아무도 모른다. 동물이 어떻게 발생하는가를 규명하려면 아직도 해결해야 할 문제점들이 많이 남아 있다. 사실 우리가 알고 있는 것보다 더 많이 이해하고 있다는 인상을 주고 싶지는 않다. 이는 급속도로 발전하는 연구분야 중 하나이기 때문이다.

이 책의 대부분은 주로 배아의 발생에 대해 설명하고 있다. 이 분야는 현재 배아 발생(embryonic development)보다는 발생학(developmental biology)으로 불리고 있다. 예를 들어, 배아 발생에 사용된 기작과 동물이 사지를 재생하는 데 쓰이는 기작은 근본적으로 같은 것이다. 그러므로 한 장에 걸쳐 재생에 관해 서술했다. 마찬가지로 성장과 노화에 대한 것도 같은 장에 있는데 이 둘은 모두 배아 발생과 연관되어 있기 때문이다. 비정상적인 발생 과정의 하나로 암과 치료에 대한 것도 간단히 언급하였다. 마지막으로 진화에 있어서 발생의 역할에 대해 독자들의 주의를 약간 끌어보았다.

평범한 독자들이나 생물학자가 아닌 사람들에게도 이 책이 아주 쉽기를 바랄 뿐이다. 독자들이 꼭 배워야 할 새로운 용어들이 있다. 낭배형성과정(gastrulation), 신경형성과정(neurulation), 분화(differentiation), 유도(induction) 등이다. 처음에는 독자들이 좀 혼란

스러울 수도 있는 새로운 개념들도 있을 것이다. 그러나 그런 개념들은 꼭 알아야 할 핵심적인 것이다. 이 책에서 세포를 분자 수준에서 취급한 부분보다 더 어려운 부분은 없다. 적당한 곳에서는 DNA와 단백질은 중요하기 때문에 꼭 필요한 배경을 설명하였다. 본인도 극복 못했지만, 아마도 가장 어려웠던 것은 발생 중인 배아의 변화 모습을 보여주고자 한 것이었다. 전문가라도 어려웠을 것으로 마치 구두끈을 매는 방법을 자세히 묘사하는 것과 비슷하다. 배아를 직접 관찰하는 것이 가장 이상적이겠지만, 이 책에 나오는 그림이나 사진들이 큰 도움이 되기를 바란다.

이에 관해 더 읽기를 원하는 사람에게 알버트(Alberts) 등의 『세포분자생물학 *The Molecular Biology of the Cell*』에 있는 발생에 관한 장들을 읽기를 강력하게 권하고 싶다. 또 다른 좋은 교과서는 스캇 길버트(Scott Gilbert)가 쓴 『발생학 *Developmental Biology*』이다.

이 책에 나오는 사진들을 제공해준 사람들은 아마타 혼브러치(Amata Hornbruch), 케쓰린 설릭(Kathleen Sulik), 데니스 브레이(Dennis Bray), 쥬크리안 루이(Juklian Lewis), 찰스 브룩(Charles Brooke), 피터 로렌스(Peter Lawrence)로 그들의 협조와 관대함에 진심으로 감사드린다. 나는 너무 많은 사람들에게 빚을 지고 있다. 내 비서인 머린 맬로니(Maureen Maloney)는 셀 수도 없이 많은 초고들을 타이프치고, 교정해주고, 끊임없이 용기를 주었다. 매리(Mary)와 잭 허버그(Jack Herberg), 윌리암 그레이브스(William Graves), 패티 수즈만(Patti Suzman), 체릴 티클(Cheryll Tickle)은 초고를 읽고 귀중한 견해를 말해주었다. 쥬디 히클린(Judy Hicklin)과 앨리슨 리차드

(Alison Richards)는 결점들을 지적하고 소중한 제안들을 해주어 개선하게 했다. 옥스퍼드 대학 출판사의 편집인은 인내심이 있고 확고하고 항상 협조적이었다. 이 모든 분께 매우 심심한 사의를 표한다.

저자

세포와 배아

우리 자신의 기원보다 더 중요하고 흥미로운 것이 또 있을까? 모든 동물처럼 인간도 하나의 세포가 배아로 발생하여 성인으로 되는 것이다. 이런 배아의 발생은 생물학적 구성에 기본적인 과제이다. 단세포인 수정란에서부터 다세포(사람의 경우 수백만 개의 세포)가 되고 몸의 구조를 계속적으로 만들어나간다. 어떻게 이 다세포군이 코, 눈, 팔, 다리, 뇌, 혈액 등 우리 몸의 구조로 형성되어 갈까? 무엇이 세포 개개의 행동을 조절하여 종합적인 패턴으로 될까? 그리고 어떻게 그 구성 원리가 알(egg) 속에 내재되어 암호화되는 것일까? 수정란처럼 무기력하고 구조도 없는 하나의 세포가 그처럼 다양하고 복잡한 형태로 되는 것은 정녕 경이롭기만 하다. 그 대답은 세포의 행동 변화에 있으며 유전자에 의해 조절된다는 것이다.

유전자는 발생을 조절한다. 유전자란 각 동물이 그 부모로부터 물려받는 염색체에 있는 DNA의 특정 부위이다. 유전학이란 부모로부

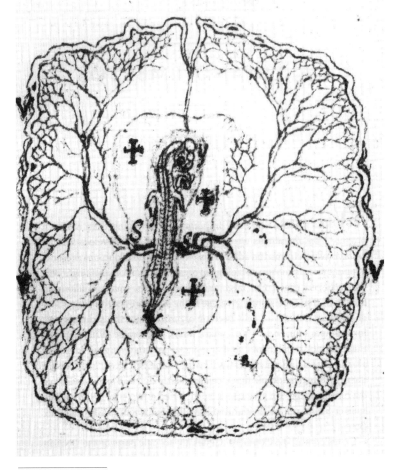

말피기가 1672년에 묘사한 병아리 배아. 3일 동안 부화시킨 배아로서 형태와 혈관을 보여준다.

터 자손에게 유전자가 어떻게 전달되는가를 다루는 학문으로, 이 과정을 지배하는 기작에 대해서는 상당히 많이 알려져 있다. 그러나 그에 비해 유전자가 어떻게 배아 발생을 조절하는지에 대해서는 알려진 것이 많지 않다. 유전자를 손가락이나 뇌의 발생으로 연결짓는 것은 발생학자들이 풀어야 할 커다란 과제이다. 유전자가 서로 다른 구조들의 발생을 어떻게 조절하는가를 이해하기 위해서는 성게나 개구리, 혹은 침팬지의 수정란에 존재하는 유전자가 어떻게 각각의 동물로 발현되는가를 이해하면 된다.

유전자의 변화, 즉 돌연변이가 우리의 눈 색깔을 바꿀 수도 있고, 손가락 하나를 더 발생시킬 수도 있고, 또 초파리의 경우에는 머리에서 촉수 대신 다리가 나오게 할 수도 있다고 알려졌다. 발생이 진행되는 동안 유전자가 어떻게 이런 효력을 발휘하는지는 알려지지 않았다. 신체의 구조와 유전자의 관계를 알아야 한다. 즉, 팔에 대한 특별한 유전자가 있을까? 각 신경세포마다 하나의 유전자가 있을까? 극단적으로, 만일 난자 내 모든 유전 정보에 접근할 수 있다면 그리고 모든 유전자에 대해 상세히 알 수만 있다면, 어떤 동물이 될지 예측할 수 있지 않을까?

기원

발생의 본질에 대한 개념을 처음으로 접근한 것은 기원전 5세기 히포크라테스(Hippocrates)였다. 그는 이를 불, 습도, 강우, 응결 등의 용어로 표현했다. 그것은 적어도 어떤 기작을 찾아내려는 시도의 출발점이었다. 실제로 배아학(Embryology)은 그로부터 한 세기 후 아리스토텔레스(Aristotle)가 이 기초적인 질문에 대한 정의를 내리면서 시작하였고, 19세기말까지 이 분야를 지배하였다. 아리스토텔레스가 의문을 가진 것은 배아의 모든 부분이 한번에 나타나는가, 아니면 연속적으로 나타나는가 하는 것이었다. 모든 것이 처음부터 형성되는가, 아니면 어부의 그물처럼 차례차례 짜여지는 것일까? 그는 이를 전성설(preformation)/후성설(epigenesis) 논쟁이라고 정의를 내렸다.

아리스토텔레스는 자기가 명명한 후성설을 뜨개질이라고 은유하기를 좋아했다. 그가 전성설을 거부한 이유는, 철학적이고 실험적인 근거에 있었다. 그는 수컷 정액에 의해 월경 혈에서 배아가 형성된다고 믿었기 때문에 전성설을 제외시켜야 한다고 확신했다. 그는 또 닭의 수정란을 열어 보고는, 심장이 가장 먼저 발생하는 기관이라고 잘못된 결론을 내렸다. 결국 후성설에 대해서는 그가 옳았지만 그 이유들은 틀린 것이었다.

아리스토텔레스의 영향은 지대해서, 영국의 위대한 내과의로 오랫동안 닭의 배아를 연구했던 윌리엄 하비(William Harvey)조차도 이를 무시할 수가 없었다. 아리스토텔레스처럼 그도 후성설을 지지했다.

모든 배아가 태초부터 존재했다는 반론은, 프랑스의 말레부랑쉬(Malebranche)나 네덜란드의 스왐머댐(Swammerdam) 등에 의해 1960년에 처음으로 공식화되었다. 프랑스 철학자인 데카르트(Descartes)는 배아를 형성하는 물리적인 힘들이 존재한다고 후성설을 지지하였지만 이 발생학자들은 받아들이지 않았다. 그들은 배아 발생과정에 걸쳐 물리적인 힘이 그렇게 복잡한 구조로 형태 형성을 할 수 있다고 제안한 데카르트 같은 사람들을 순진하게 여겼다. 특히 데카르트는 물리적 힘이 어떻게 배아를 형성하는가를 설명할 수 없었기 때문이었다. 반대로 그들은 배아의 모든 부분이 아주 초기부터 형성되었다가 발생하는 동안에는 단지 자라기만 해서 점진적으로 커져간다고 믿었다. 그들의 관점은 한 종의 첫 배아가 미래의 모든 배아를 갖고 있다는 것이다. 예를 들어 말레부랑쉬는 한 종자 내에 무수히 많은 나무들이 있다고 여겼다. 즉 그는 자신의 상상력으로 신의 힘을 측정하는 사람들에게는 약간 터무니없는 것처럼 보인다고 믿었던 것이다. 이태리의 뛰어난 생물학자인 말피기(Malpighi)조차도 이런 개념을 깰 수가 없었다. 그는 닭의 발생에 대해 상당히 정확한 묘사를 했으면서도, 배아가 산란 전부터 존재했다는 자신의 근거를 여전히 의심했다. 초기에는 배아 부분이 너무 작기 때문에 강력한 현미경으로도 관찰할 수 없다고 생각했다.

  18세기의 후성학자들이 이 모든 비판에 대한 답을 가지고 있었다. 프랑스의 찰스 보네(Charles Bennet)는 만일 전성설이 사실이라면, 역사상 첫번째 태어난 토끼는 10의 10,000제곱 개의 배아를 가지고 있어야 한다는 논쟁에 직면하게 되었다. 그는 숫자를 도입하여 상상력을 압도하였다. 그에게 있어 전성설은 〈감성에 대한 이성의 가장 위대한 승리〉였다. 후성설의 옹호자들이 직면한 문제는, 배아가 어떻게 형성되는지를 제대로 설명할 수 있는 사람이 없다는 것이었다. 그들은 단지 배아 내의 하나의 발생청부업자(master-builder), 즉 생활력(vis vitalis)만을 호소할 수 있었을 뿐 논쟁을 해결할 실험과 관찰은 모두 실패하였다. 그러나 오히려 그것이 좋은 결과를 낳았다. 이를 해결하기 위해서는 반드시 세포와 유전자에 대해서 이해해야 한다는 원칙이 확립되었다. 이런 개념들이 떠오르기 시작한 것은 겨우 한 세기 전이었고, 배아는 후성설에 의해서 발생된다고 인식되었다. 우리가 나중에 보겠시만, DNA가 배아 발생을 조질하는 프로그램을 제공하므로 후성설로 유도한다.

세포

세포는 생명의 기본 단위이다. 또한 진화라는 기적의 실체이기도 하다. 세포가 어떻게 진화되었는지는 모르더라도 기적에 비유하는 아주 그럴 듯한 가설들이 계속 나오고 있다. 기적적인 것은 매우 주목할 만한 것이다. 생명체의 정의는 한 마디로 스스로 번식할 수 있는 능력이라는 것이다. 생명은 화학 물질을 섭취하여 유용한 에너지로 전환시킬 수 있고, 궁극적으로 세포 증식을 야기시킬 성장이 일어나는 동안 세포내 모든 성분을 합성할 수 있다.

동물은 혈구세포, 연골세포, 지방세포, 근육세포, 신경세포와 같은 특수한 세포들로 이루어져 있다—사람은 약 350 종류의 세포를 가지고 있고, 반면 히드라 같은 하등 동물은 10-20 가지 정도이다. 세포는 놀라울 정도로 특수한 기능들을 수행한다. 즉 산소를 운반하고, 메시지를 전달하고, 수축하고, 화학 물질을 분비하고, 분자를 합성하고, 분열한다. 배아의 세포들은 초기에는 특수화가 훨씬 덜 되어 다소 미묘하게 서로 다를 뿐이다. 기본적인 특성을 모두 가지고 있으나 발생시 역할을 이해하기 위해서는 네 종류의 세포 활성, 세 종류의

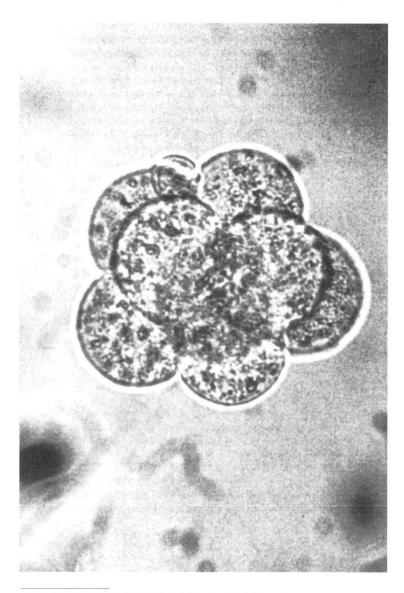

수정 후 분열중인 초기 배아. 수정란이 세 번 분열한 8세포기의 배아를 보여준다.

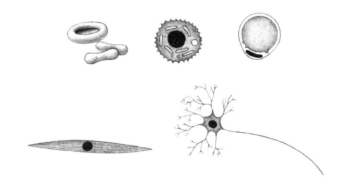

세포의 다양한 모양. 혈구세포, 연골세포, 지방세포(위 왼쪽부터) 그리고 근육세포, 신경세포(아래 왼쪽부터)의 일반적인 형태를 보여준다.

세포 구조, 두 종류의 중요한 분자를 알아야 한다.

네 종류의 세포 활성이란 세포증식, 세포이동, 특성의 변화, 세포 신호 전달이다. 이 모두는 주로 자체적으로 일어난다. 세포는 분열에 의해서 증식하는데 이때 세포의 성장이 필요하다. 성장이란 세포가 두 개로 갈라지기 전에 세포의 크기가 두 배로 되는 것이다. 세포는 또 모양이 변할 수도 있고, 힘을 모아서 배아 내 한 곳에서 다른 곳으로 이동할 수도 있다. 세포는 특성이 변하기도 한다. 즉 세포는 다소 특수화되지 않다가(미분화) 발생하는 동안 매우 특수한 기능을 갖도록(분화) 성숙되기도 한다. 배아 내 여러 부분의 세포들이 전혀 다른 경로를 따라서 각기 발생하여 특성이 점점 다양하게 된다고 생각할 수 있다. 결국 세포는 이웃 세포들과 신호를 주고받게 된다.

세포는 지름이 약 1000분의 1mm로 현미경 없이는 볼 수 없다. 어떤 세포는 개구리의 알처럼 쉽게 볼 수 있으나, 사람의 난자는 육안으로 겨우 볼 수 있을 정도이다. 세포의 세 가지 주요 구조는 세포막과 세포질과 핵이다. 세포막은 세포를 둘러싸고 있는 하나의 매우 얇은 막으로 분자의 출입을 조절하고 세포의 본래 모습을 유지하게 한다. 세포막의 표면에는 세포를 서로 붙게 하는 분자들뿐 아니라 다른 세포에서 신호를 받는 특수한 수용체가 있다. 세포막으로 둘러싸인 세포질은 에너지 생성과 세포 성장에 필요한 모든 장치를 가지고 있다. 세포질에는 세포의 모양을 변화시키는 힘을 만드는 구조가 있어 세포를 이동시킨다. 핵은 세포질 안에 갇혀 있고 특수한 막에 의해 둘러싸여 있다. 핵 안에는 유전자를 포함하고 있는 염색체가 있다.

　세포의 수명은 수백만의 구성 분자들 사이의 화학반응에 의해 좌우된다. 그 분자들 중 핵심적인 것은 핵산과 단백질의 두 종류로 5장에서 자세히 다룰 것이다. 유전자는 핵산 DNA로 이루어져 있고 단백질을 만들어 그 효과를 발휘한다. 단백질은 세포의 생존에 필수적으로 세포 내 모든 구조들의 기본틀을 마련할 뿐 아니라, 모든 화학 반응에도 꼭 필요하다. 에너지 공급이나 중요한 분자합성 같은 세포 내 거의 모든 화학 반응은 효소라고 알려진 특수한 단백질이 있어야 일어난다. 단백질은 또한 세포 내 중요한 구조 분자로, 세포 이동 시 힘을 공급하기도 하고, 세포 표면에 있는 수용체이며, 또한 세포 사이를 연결하는 접착제이다. 게다가 단백질은 세포마다 특수한 성질을 갖게 한다. 예를 들어 헤모글로빈이라는 단백질은 적혈구에서 산소를 운반하며, 인슐린은 췌장 내 특정한 세포에서 만들어진다.

　세포에 존재하는 매우 다양한 단백질들은 모두 핵에 있는 유전자에 의해서 암호화된 것이다. 세포질에서 단백질이 합성되기도 하지만, 한 단백질이 합성되는지 아닌지는 그 단백질에 대한 정보를 가진 유전자가 활성적인지 아닌지에 따른다(5장). 유전자의 유일한 기능은 어떤 단백질을 만들어낼지를 결정하는 것이다. 그에 따라 어떤 화학반응이 일어날지와 또 어떤 구조가 세포 내 존재하도록 할지를 결정한다. 이런 방식으로 유전자는 세포의 행동을 조절한다.

세포의 행동으로 유전자와 동물의 구조와 형태관계를 알 수 있다. 발생 동안 세포가 어떻게 팔이나 뇌를 만드는지를 이해할 수만 있다면, 우리는 유전자가 어떻게 세포의 행동을 조절하여 그런 관계를 맺을 수 있는가 하고 질문할 수 있을 것이다. 즉 세포의 행동이 배아 발생을 불러일으키고, 유전자 활성에 의해 조절되기 때문에 발생에 대해 이해하는 데 세포는 열쇠가 된다. 매우 일반적인 용어로 발생에는 세 종류의 유전자가 있다——공간 형성에 관여하는 유전자, 형태 변화를 조절하는 유전자, 세포 분화를 조절하는 유전자가 바로 그것이다.

현재 위치

우리는 지금 세포 발생학의 가장 흥미로운 단계의 한가운데에 있다. 앞으로 갈길이 멀지만, 분자생물학의 혁명으로 세포의 과정들을 분자 수준에서 이해할 수 있게 되었다. 유전자가 암호화되어 만들어지는 단백질의 구조를 조절하는 기작과 함께 DNA와 단백질의 구조가 밝혀진 것이 중요한 성과이다. 모든 동물에서 사용되는 기작들은 유전자와 단백질 수준에서 거의 공통적이라는 것도 아주 획기적인 점 중의 하나이다. 발생학은 이런 보편적인 기작들이 더 많이 밝혀지기를 희망한다.

현재 분자생물학에서는 구세대 생물학자들이 연구하던 배아발생학의 고전적인 과제에 최신의 강력한 기술들을 적용시키고 있는 중이다. 그들의 작업은 발생 기작을 이해할 수 있는 기초가 되어, 정상적인 발생이나 실험적으로 조작된 배아 발생시 배아의 형태 변화를 서술적으로 조심스럽게 기록하는 것이었다. 실험적인 조작이란 대부분 초기 배아의 일부분을 제거하거나 재배열시킨 뒤 배아발생에 미치는 효과를 알아보는 것이었다. 이런 실험들은 세포와 조직이라는 용어로 발생이 어떻게 조절되는가에 대한 이론을 세울 수 있었으나, 이 이론들을 유전자 작용과 연결시키는 것은 매우 어려웠다. 현대적 접근 방법도 분자 수준에서 서술적이다. 더 중요한 것은 이 현대적 접근 방법은 유전자 작용과 발생 과정의 연결을 분자 수준에서 설명할 수 있다는 것이다.

분자적 수준으로 묘사하는 데는 근거가 필요하다. 조직, 세포, 분자 등의 각 단계에서 배아의 발생을 묘사할 수도 있다. 이는 실제로 많은 생물학적 과정과 마찬가지로 한 단계만 선호하지는 않는다. 새들의 비행을 분자 수준에서 설명하려는 사람은 아무도 없을 것이다. 반면에 근육이 수축하는 법을 이해하기 위해서 분자 수준을 알아야 한다. 유전자가 분자 수준에서 작용하기 때문에 발생을 분자 수준으로 설명하는 것이 중요하다. 다시 말해, 유전자는 단백질 분자 합성을 조절한다. 그러므로 세포와 배아의 행동을 분자의 상호작용 수준에서 이해해야 한다고 일반적으로 받아들여지고 있다. 분자는 세포의 자연스러운 언어이다. 또 다른 이유는, 모든 과정들을 분자 수준으로 이해하면 그 다음 곧바로 화학과 자연스럽게 연결되는데까지 화학이야말로 이해를 도모할 수 있는 가장 강력한 지식이다. 이 책의 목표가 분자 수준의 설명이었으나, 대부분은 현재의 지식 상태를 반영하여 배아를 아직도 세포 수순에서 취급할 것이다.

배아가 어떻게 발생하는가를 이해하기 위해서는 배아 자체를 실험 대상으로 해야 한다. 즉 아리스토텔레스가 했던 것처럼 닭의 알을 열어 발생을 관찰하고, 일부분들을 한곳에서 다른 곳으로 이식하고, 또 특수 화학약품을 떨어뜨려 그 효과를 관찰해야 한다. 배아 발생학자들은 동물 실험에 관련된 문제에 예민하여 대다수의 실험을, 성체로 성장할 수 없는 아주 초기 배아를 가지고 수행한다. 정말 중요한 것은 그렇게 실험을 하여(초기 배아 사용) 동물이 고통으로 고생할 필요가 없다는 것이다. 왜냐하면 실험은 대부분 신경계가 형성되기 훨씬 전에 수행되고, 그렇지 않은 극소수의 경우에는 마쳐되기 때문이다.

발생의 보편적이고 기본적인 원리를 찾을 수 있을까? 아니면 발생이란 여러 가지 기작들이 다양하게 쌓인 것일까? 분자유전학에서 밝혀진 것들처럼 공통적이고 정교한 원리에 의해서 기본적 발생과정이 좌우된다고 믿기는 어렵다. 진화적 측면에서 유기물을 구성하는 방법이 성공적으로 밝혀졌기 때문에, 같은 기작을 반복해서 사용했음이 확실하다. 이 책은 그런 믿음에 기초를 둔다. 즉 한 종류의 동물이 발생하는 방법은 다른 모든 동물의 발생을 이해하는 데 도움이 된다는 중요한 의미가 있다. 배아 안에는 발생청부업자나 치명적인 힘이 없다는 것을 보여줄 것이다. 각 세포는 각자 고유한 발생 프로그램을 가지고 있어 제한된 수의 과정을 반복해서 수억 년 동안 사용했을 것이다.

2

형태형성

형태는 세포의 모양이 변하여 나타나므로 이는 후성설에 대한 직접적인 근거가 된다. 발생은 하나의 단세포인 수정란으로 시작하여 더 작은 세포들을 계속 만들어낸다. 세포 분열은 케이크를 자르듯이 수정란을 분할하여 다세포 구조를 이룬다. 이 세포 분열들은 알을 단순하게 계속 나누어 하나의 작은 세포들의 군집을 만들어 초기 배아를 형성한다.

즉 세포의 성장이나 증식을 일으키는 세포 분열과는 다른 것이다. 성장이 필요하지 않기 때문에 초기 배아 분할을 통해 몇 시간 내에 공 모양의 종이처럼 세포들이 속이 빈 공 모양으로 수정란은 배열된다. 이 간단한 구조인 포배가 세포 활성에 의해서 발생 과정 동안 나타나는 모든 종류의 모양들을 만들어낸다.

알은 난황을 얼마나 가지고 있느냐에 따라서 크기가 다양하다. 닭의 알이 큰 이유는 배아 발생시 영양 공급원이 되는 난황이 크기 때문이다. 닭의 배아는 난황 중에서도 포유류의 알과 크기가 같은 매우 작은 부분에서 시작된다. 사람이나 생쥐의 알은 지름이 약 10분의 1mm로 육안으로 겨우 볼 수 있을 정도이고, 난황이 없어 어미로부터 공급되는 영양분에 의해 성장한다. 개구리 알은 지름이 약 1-2mm로, 난황이 충분하여 스스로 먹고 살 수 있는 단계까지 자랄 수 있다.

포배에는 앞으로 발생될 복잡한 동물을 육안으로 구별할 수 있는 표시가 없다. 동물의 형태가 나타나기 시작하는 것은 그 바로 다음 단계인 낭배기이다.

낭배 형성 과정

사실 우리 생의 중요한 사건은 출생도 아니고, 결혼도 아니고 사망도 아닌 낭배 형성 시기라고 말하고 싶다. 다소 지나친 감이 없지 않지만 초기 발생 연구의 중요성을 확신시키려는 의도에서이다.

모든 동물은 발생시 낭배 형성 과정을 거친다. 이 과정은 포배기의 세포들이 재배열되고 이동할 때 단순한 구형 또는 편평한 모양의 배아가 앞으로 발생할 동물의 모양으로 접근해 가도록 변형되는 것이다.

낭배 형성기 동안에는 앞과 뒤, 위와 아래가 분명해지고 기본 신체 설계도(윤곽)가 세워지고, 세포들이 새로운 위치를 잡기 위해 이동한다. 장의 발생이 이 점을 잘 나타낸다. 초기 배아의 경우 장이 될 세포들은 놀랍게도 배아의 외부 표면에 있다. 그러나 모든 동물의 장은 내부 구조이다. 그 세포들이 바깥 표면을 떠나 장으로 발생될 내부로 이동하는 것은 낭배 형성기 동안이다. 마찬가지로 초기 척추동물의 배아에서 척주(vertebral column)와 근육이 될 세포들도 바깥 표면에 있다가 안쪽의 적당한 장소로 이동한다. 팔과 다리, 간, 눈 같은 기관이 발달하기 시작하는 때는 낭배 형성기 바로 이후이다.

심도 깊게 연구가 이루어진 대부분의 척추동물(양서류와 조류)에서 낭배기 동안 세포의 이동은 다소 복잡하다. 배아의 여러 부분에서의 이동이 동시에 일어나며, 많은 세포들이 서로를 지나가며 스치고 수축하고 팽창한다. 발생학자들은 이 동안 무슨 일이 일어나고 있는지를 시각화하고 싶어한다. 그러나 운좋게도 이 과정이 훨씬 더 간단하여 직접 관찰할 수 있는 동물들도 있다.

우리는 성게의 초기 배아 발생에서 낭배 형성 과정을 관찰할 수 있다. 발생학자들에게 성게의 배아는 다량으로 구할 수 있고, 수정시키거나 다루기가 쉽고, 무엇보다도 투명해서 매력적이다. 이들은 성게의 배아가 발생할 때 현미경을 통해서 각 세포의 행동을 관찰할 수 있다. 세포들이 천천히 움직이기 때문에 연속(time-lapse) 필름으로 속도를 높이면 더욱 잘 볼 수 있다.

필름의 화면을 매 6초마다 노출시키고, 그 필름을 1초에 24 화면씩 본다면 동작이 144 배까지 가속되어 극적인 세포의 행동을 볼 수 있다. 배아는 포배기에 수영을 시작하기 때문에 배아를 가만히 있게 하기 위해 나일론 그물 위에 가둬둔다. 이 때 그 직사각형 구멍을 통해 바닷물을 천천히 통과하도록 한다. 48시간 후에 알은 자유롭게 수영할 수 있는 유충으로 발생한다.

수정 후 한 시간 뒤에 알은 두 개로 분할하고, 그 뒤 계속하여 30

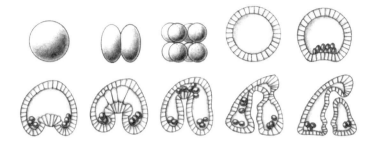

성게 배아의 발생. 수정란이 분열하여 포배기를 거쳐 낭배가 되는 과정을 보여준다.

분 간격으로 분할이 일어난다. 두 번째 분할은 첫 번째와 직각으로 일어나고 세 번째는 다시 두 번째의 직각으로 일어난다. 이런 규칙적인 패턴이 잠시 계속되다가 약 8시간이 지난 후, 배아는 약 1,000개의 세포로 된 속이 빈 공 모양의 포배가 된다. 세포는 한 층 두께의 판으로 되어 가운데 빈 공간을 둘러싼다.

그 다음 포배는 낭배 형성기를 겪는다. 이는 모양이 주로 변하고 장이 될 세포들은 바깥쪽에 작게 뭉쳐서 안으로 이동하게 된다. 이렇게 안으로 접혀진 벽은 빈 공간을 가로질러 안으로 이동하여 입이 될 다른 쪽 벽을 만난다. 이 과정은 풍선에 물을 채운 후 한쪽 끝을 손가락으로 눌러 다른 쪽에 닿도록 밀어넣는 것과도 같다. 이렇게 움푹 들어감으로써 만들어진 관이 장이 되고, 누르기 시작한 점이 항문이 될 곳이다. 배아는 구형에서 원환체(torus) 모양, 즉 빵에서 도넛 모양으로 바뀐다.

▶ 성게의 발생과정 중 낭배기에 보이는 반지 모양의 형태.

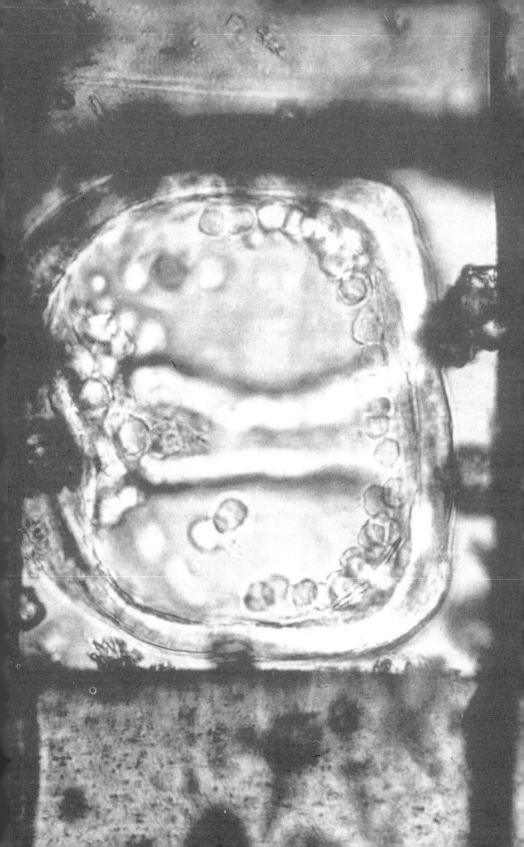

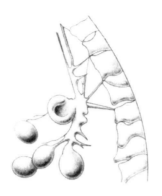

　낭배 형성은 장의 형성으로 시작되는 것이 아니라 골격이 될 세포들의 참여로 시작된다. 연속 필름에서 첫 신호는 장을 형성할 세포들의 동정이다. 세포들은 서로 자리를 차지하느라 다투는 것처럼 보이고, 약 40개의 세포들이 벽을 떠나 내부의 빈 공간으로 들어간다. 이 세포들은 나중에 골격이 될 것으로 포배의 안쪽 벽으로 이동하여 반지 모양의 패턴을 형성한다.

　40여 개 정도의 세포들이 벽 쪽으로 미세한 연결선(매우 길고 가는 사상위족 혹은 사상가족, filopodia)을 내밀어 벽에 붙을 수도 있고 수축할 수도 있어, 세포들을 부착점으로 끌어들인다. 수축하는 힘은 사상족(filopod) 안에 있는 매우 가는 근육 같은 섬유(사상체, filament)가 공급한다. 어떤 사상위족은 벽에 붙지 못하고 움츠러든다. 종종 여러 개가 벽에 닿아 자기들 사이에 주도권 다툼이 일어난다. 그 중 벽에 붙은 연결선이 얼마나 강한가에 의해 승자가 결정되는 것 같고, 세포는 결국 접착이 가장 강한 곳으로 이동한다. 마치 바다 밖으로 나와 미끄러운 바위 위로 올라가는 것과 같이 제일 잘 잡을 수 있는 곳으로 빠져나오는 것이다.

사상위족과 수축에 의해서 세포가 이동하여 배아의 벽에 반지 모양의 패턴이 형성된다. 세포가 직접적으로 거기로 가지는 않는다. 사실 배아에 따라서 취하는 경로는 상당히 다양하다. 그러나 그 반지 모양의 패턴이 점차 형성되고 그 세포의 사상위족이 반지 부위에 제일 잘 붙어 있는 것을 관찰할 수 있다. 벽에 부착하는 패턴을 보면, 벽 주변의 띠 모양 중에서 가장 높은 곳이 한군데 있다.

여기가 바로 세포들이 긴 사상위족으로 탐사를 계속한 뒤 휴식을 취하는 곳으로, 가장 안정된 접촉을 하는 곳이다. 가는 돌기를 가지고 있어 띠 안에 있을 때조차도, 자기의 주위를 계속 탐사하여 가장 안정된 접촉 부위를 찾는다. 세포들이 갈 곳을 결정하는 것은 벽에 부착하는 패턴에 따른다. 발생 후기에 이 패턴이 변할 때, 세포들도 따라서 안정을 찾는다. 즉 이동하는 세포들의 패턴을 형성하는 틀을 벽이 제공하는 것이다.

장을 형성할 세포군이 안쪽 표면에서 움직이기 시작하고, 골격을 형성하는 세포들이 등장한 다음에 뒤쪽에서 벽의 안쪽으로 움푹 들어간 곳이 생긴다. 이는 안쪽의 중반까지 안으로 움푹 들어가 넓은 곳이 생길 때까지 계속된다. 한 시간 남짓 동안 더 이상의 변화는 없다. 그러나 그 다음 꼭대기의 세포들이 긴 사상위족을 내밀어 벽과 붙게 되고 앞으로 장이 될 곳을 안으로 더 끌어올리면서 수축한다. 사상위족은 체강(cavity)을 가로질러 다른 측면과 만날 때까지 그 세포층을 끌어올려 두 면이 서로 융합하여 아주 작은 함입 부분을 만드는데 이것이 장차 입이 된다. 융합 후 접촉 부위의 가운데 있는 세포들은 부서져 하나의 긴 채널이 생긴다――개통 입으로부터 장의 관을 통해 항문까지.

장의 첨단 끝에 있는 사상위족이 입 부위로 안내한다. 필름을 고속으로 보면 그 끝에서 활발한 활동을 볼 수 있다. 골격을 이루는 세포들처럼 이 세포들도 가는 사상위족을 많이 내어 그 중 몇몇이 벽에 닿게 된다. 안정된 접촉이 이루어지면 세포층을 그 자리로 끌지만 나머지는 접촉이 끊어져 위축된다. 미래의 입 부위가 가장 안정된 접촉 자리이기 때문에 장은 그 쪽으로 점점 끌려간다.

발생 프로그램

배아 세포가 언제 어디서 모양이 변하고 수축하고 이동하는지를 미리 안다면, 형태 발생 프로그램을 예상할 수 있다. 성게의 초기 배아 발생시, 세포 수축과 세포 접촉의 패턴 변화로 모든 형태 변화를 설명하는 것이 가능하게 될 것이다. 이런 세포 활성의 패턴을 배아 발생 프로그램의 일부분으로 생각할 수 있다. 이는 최종 형태를 묘사하는 프로그램이 아니라 모양을 만드는 지시들을 내리는 생식 프로그램이다. 생식 프로그램의 중요한 특성은 매우 복잡한 형태를 만들어내지만 아주 단순한 지시들로 되어 있다는 것이다.

그것은 마치 종이 접기와 같다. 종이 접기에는 단지 펴라, 접어라와 같이 몇몇 지시만이 있다. 그러나 그 최종 형태는 모자나 새 같은 매우 복잡한 것이다. 복잡하게 접혀진 모자 자체를 묘사하기보다는 모자를 어떻게 만드는가를 묘사하는 것이 훨씬 더 쉽다. 이 지시가 바로 발생 프로그램이고, 접었다 폈다 하는 행위는 배아 내 세포층이 수축하는 것과 접촉으로 인한 변형 같은 것이다. 즉 알이 포함하고 있는 것은 성체를 묘사하는 것이 아니라, 동물을 어떻게 만드는지에 대한 한 세트의 지시로, 같은 기작을 이용하더라도 전혀 다른 형태들이 만들어질 수도 있다.

수축과 접촉으로 인한 변형은 프로그램의 한 부분이며, 필수적인 내용은 패턴 형성 과정이 언제 어디서 일어나는지에 대한 사양이다. 그러나 다른 형태의 변화를 먼저 볼 필요가 있다. 특히 세포층의 모양 변화, 접촉으로 인한 변형, 세포 이동을 포함하는 변화 등이다. 발생 기작은 동일하다는 신념을 갖고 전개하고 있으며, 성게 알이 그 좋은 예이다. 그 밖의 다른 예들도 고려되었다.

세포층 접기

심장, 폐, 뇌, 눈, 치아 같이 다양한 구조도 세포층 접기가 초기 배아 발생의 시작이 된다. 신경형성기(neurulation)라고 알려진 척추동물 뇌의 초기 발생은 그 자체가 중요할 뿐 아니라, 하나의 좋은 모델이 된다. 신경 형성기는 배아의 주된 형태 변화를 초래한다——최상의 표면에 있는 편평한 세포층이 하나의 관을 형성하도록 접혀져 그 관이 뇌와 척수로 될 것이다. 이 과정은 양서류와 조류의 배아에서 낭배 형성기가 끝났을 때 직접 관찰할 수 있다.

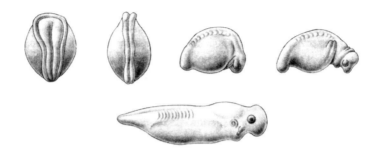

양서류에서 신경형성기부터 올챙이 초기 단계까지의 변화.

양서류에서 신경형성기의 최초 신호는, 배아의 위 표면을 두 개의 융기 또는 주름으로 경계진 편평한 넓은 판이다. 뇌가 될 부분인 배아의 앞 끝은 주름 사이가 넓지만 그 주름은 뒤쪽으로 가면서 서로 좁혀진다. 이 주름이 더 뚜렷해져서 융기되어 서로 닿게 되면 그들 사이의 세포층이 안쪽으로 내려앉는다. 그 주름은 융합하여 뇌가 될 넓은 관인 신경관과 그 뒤쪽에 있는 척수가 될 좁은 관으로 변형된다. 융합 후 그 관은 표면 아래로 잠기고 나중에 피부가 될 한 층의 세포들로 덮인다.

8장에서 뇌와 신경관의 후기 발생에 대해 논하겠다. 신경관이 닫히지 못할 경우 이분척추(척추피열증, spina bifida)의 원인이 되기도 한다.

신경형성기 동안에 하나의 평평한 세포층이 하나의 관으로 변형되는 것은 주로 관 안쪽에 있는 세포들이 만들어낸 힘, 즉 활발하게 형태를 변형시키도록 세포들이 만들어내는 힘에 의해서이다. 세포층의 위 표면에 있는 세포들은 그 세포층을 구부러지게 수축하여 오목하게 만든다. 사상위족의 수축과 마찬가지로 이 수축도 근육 같은 미세섬유(microfilament)들의 작용 때문에 일어난다. 전자 현미경으로 보면 이 미세섬유들이 위쪽 표면에 있음을 알 수 있다. 그리고 신경관 형성시 세포들이 만들어내는 힘을 직접 관찰할 수 있다. 양서류 배아의 신경 주름 양 면 사이에 미세한 아령 모양의 금속 조각을 넣으면 자기장이 생겨 주름이 서로 붙는 것을 방해하였다. 이때 그 힘은 매우 작아서 배아의 에너지로 거의 사용되지는 않는다.

　수정체의 발생에서도 세포층이 구부러지는 과정을 겪는다. 눈은 두 종류의 다른 기원에서 유래된다. 망막을 형성하는 안배(eye cup)는 뇌의 돌출부에서 유래되나, 수정체는 배아를 덮고 있는 세포층에서 유래된다(둘 사이의 협동에 대해서는 나중에 언급할 것이다). 나중에

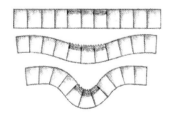

세포 모양의 변화.

수정체가 될 세포들은 길이가 활발하게 길어지고 눈 쪽을 향해 안으로 접혀지기 시작하는데, 성게의 초기 장 형성과 같은 방법은 아니다. 이 경우에 오히려 신경 형성기 같이 함입이 일어나서, 거의 구 형

수정체 형성 과정.

의 한 세포층이 안 쪽으로 빠져나올 때까지 굽은 후에 표면층으로부
터 떨어진다. 그리고는 이 공 모양의 세포들이 나중에 수정체로 발생
된다.

수정체 발생의 예는, 어떤 특정 기관의 발생 경로를 따르는 것이
얼마나 중요한지를 보여준다. 이는 이미 발생이 이루어진 기관의 구
조를 관찰만 하는 것만으로는 불가능하다. 유일한 방법은 실제로 그
것이 어떻게 발생하는가를 보는 것이다. 즉 발생 과정을 따르지 않고
는 수정체가 원래 한 세포층에서 유래되는지를 알아낼 방법이 없다.
단지 마지막 결과만 보고 한 구조가 어떻게 발생하는지를 추론하는
것은 불가능하기 때문이다.

신경관과 수정체가 세포층의 모양이 변형되어 형성되는 것 같이,
다른 많은 기관들의 형성 또한 세포층의 접기와 이동으로 발생되는
데, 그 기관을 만들 세포들의 모양이 활발하게 변한다. 허파는 처음
에는 입 근처의 장에 있는 세포층이 팽창하여 발생된다. 그 다음 이
것들이 가지를 계속 내서 허파 내 수백만의 미세엽을 만들게 된다.
포유류의 심장은 하나의 곧은 관에서 출발해서 구부러지고, 접히고,

성장과 세분화를 겪어 혈액을 뿜어내는 4개의 방을 만든다. 우리 치아의 모양조차도 에나멜이 될 세포층들이 접히는 것에 의해서 결정된다.

사람의 많은 발생 기형들은 세포층 형성의 기형에서 비롯된다. 이것은 세포층들이 알맞게 분리되지 못하거나, 닫히지 못하거나, 접히지 못하는 것이 원인이다. 신경관이 불완전하게 닫히면 이분척추를 초래하듯이, 장의 발생에서 기형들은 관이 적절하게 봉합되지 못했기 때문이다. 또, 어떤 신장의 기형은 관을 형성하는 세포층들이 정확하게 연결되지 못했기 때문이다.

이렇게 많은 모양 변화를 컴퓨터 모의 실험(simulation) 모델로 만

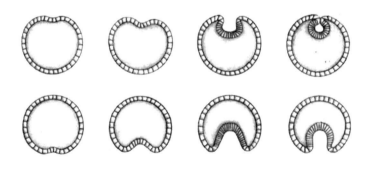

신경관 형성 과정(위)과 컴퓨터 모의 실험(아래).

들 수 있다. 그 모델은 미세섬유의 비대칭적인 수축에 근거하여 만들어졌다. 단지 세포 하나의 두께인 세포층으로 되어 속은 텅 비었고, 바깥 표면 근처에는 수축하는 섬유사를 가지고 있는 관을 상상해 보

아라. 한 점(꼭대기)에서부터 수축이 시작되어 퍼져나가는 것을 상상해 보아라. 세포들이 얼마나 빨리 접촉하고, 수축하여 얼마나 멀리 퍼지는가에 따라서 다양한 여러가지 모양들이 생기게 된다.

이떤 경우에는 세포층이 신경관 형성과 매우 비슷한 방법으로 접히고, 또 다른 경우에는 수정체가 형성되는 방법과 비슷하게 접힌다. 또 성게 발생에서 장의 초기 형성과 같기도 하다. 얼마나 빨리, 얼마나 멀리 수축이 퍼지는가에 있어서, 작은 어떤 변화들조차도 형태 형성에 커다란 효과를 미친다. 특히 이 모든 과정들이 어떻게 유전자에 의해서 조절되는지가 바로 중심 과제이다.

반복되는 구조들

DNA의 이중나선 구조를 규명한 프랜시스 크릭(Francis Crick)은 배아가 줄무늬를 매우 좋아하는 것 같다고 말한 적이 있다. 반복적인 패턴이 수도 없이 많아서 배아는 마치 반복된 단위로 나누어져 있는 것처럼 보인다는 것이었다. 사람의 골격을 언뜻 보면 단지 수많은 척추의 체절(somites)들을 볼 수 있다. 각 척추골은 이웃 척추골과 서로 다르지만 분명히 매우 비슷하다. 곤충, 지렁이류, 갑각류와 그 외 또 다른 많은 동물에서도 반복되는 체절들이 발견된다. 만일 척추골의 초기 발생을 본다면 얼마나 많은 체절들이 있는지를 명백하게 알 수 있다.

▶ 병아리의 발생 중 보이는 체절.

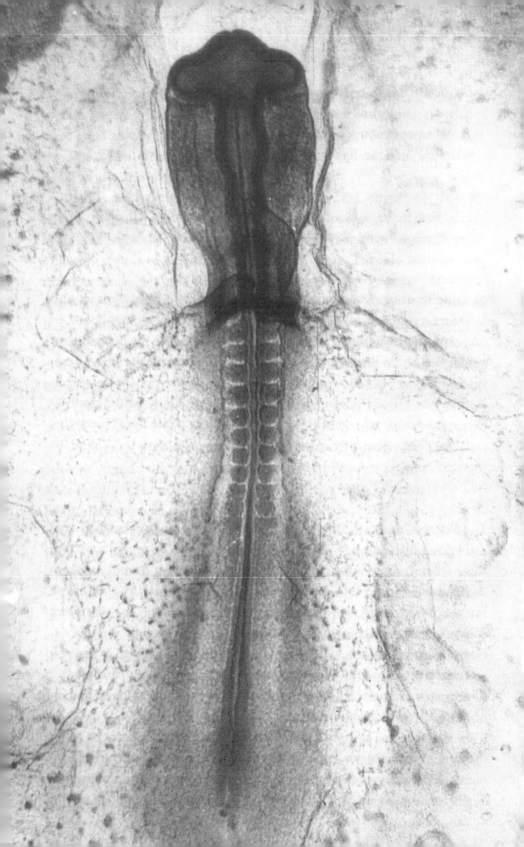

척추동물에서 낭배기 직후 배아의 앞쪽 끝에서 뇌가 형성되는 것을 볼 수 있다. 그 뒤에 마치 두 줄의 도로 포장하는 돌처럼 뒤쪽으로 쭉 뻗어나가는 것이 체절이다. 체절은 척추와 등의 근육이 될 조직 덩어리나. 그들은 쌍으로 상차 척수가 될 곳의 양면에 놓여 발생한다. 처음에는 앞 끝에 단 두 개의 뚜렷한 조직 덩어리만 나타나고, 그 다음 다른 한 쌍이 거의 한 시간마다 그 뒤에 붙게 되어 형태 형성의 물결이 뒤쪽으로 진행된다. 그리고 며칠 뒤 46개의 체절이 생긴다. 여기서 먼저 형성된 몇 쌍은 존속되지 않고 사라져 머리로 합쳐진다. 앞쪽에서 발생된 체절이 변해서 머리로 점점 커지기 때문에 그 안에 우리의 진화 역사가 반영되어 있다고 생각된다.

체절 발생 기작은 아직 잘 알려져 있지 않다. 분명한 것은 조직을 개개의 덩어리로 나누는 과정의 역학에는, 각 체절 내 세포간 응집력이 증가된다는 것이다. 그렇지만 어느 세포들이 응집 덩어리가 되어, 각 체절을 주위로부터 분리시키는 것이 무엇인지는 알려지지 않았다.

이러한 현상은 연속적으로 체절이 형성된 뒤, 그들이 무엇이 될지는 체절이 나타나기 훨씬 전인 발생 초기에 프로그램으로 짜여진 것 같다. 그래서 일단 프로그램이 짜여지면 비정상적인 관계에 임할 때조차도 어떻게 세포가 프로그램을 따라가는지를 보여주는 좋은 예가 된다.

만일 닭의 배아에서 분절(segment)을 체절로 나누는 한 띠의 조직을 잘라내 180도로 다시 돌려 놓으면 체절 형성이 그 이식 자리까지 정상적으로 진행되지만, 이식된 조각의 뒤쪽 끝에서부터 반대(역) 방향으로 진행되어 다 나뉘고 난 뒤, 뒤끝부터는 다시 정상적으로 진행될 것이다. 이는 마치 체절이 형성되는 시간표가 내장되어 있는 것 같다. 배아에서 체절 형성이 앞에서 뒤로 파도처럼 진행되는 것은 정보의 전달과 관계없고, 단지 미리 짜여진 프로그램을 이행할 뿐이다.

세포 친화력

형태 형성시 세포의 응집이 중요하다는 것은 이미 설명하였다. 낭배 형성기 동안에는 세포 응집의 차이에 따라 세포들이 안내된다. 즉, 수정체 형성시 수정체 세포들이 이탈할 때 주변의 세포들과 응집력을 잃게 된다. 그리고 체절을 형성할 때에는 국소적으로 응집이 증가하는 것이 필수적이다. 즉 발생 프로그램에서는 응집력의 변화가 필수적인 부분이다.

세포 표면에 있는 세포응집분자(CAM, cell adhesion molecule)가 응집력의 분자적 기초가 된다. 세포응집분자는 서로 특이한 친화력을 갖는 기작에 의해서 세포끼리 붙게 한다. 이 분자는 단백질로서 세포막 표면에 묻혀 있고, 밖으로 뾰족하게 나와 있는 부분이 이웃 세포의 유사하거나 상보적인 부분에 붙는다. 붙는 기작에는 칼슘 같은 이온들이 관련되어 있어서, 초기 배아의 세포들은 칼슘을 제거시키면 서로 떨어지고, 칼슘을 다시 넣으면 다시 뭉친다.

여기서 중요한 점은, 세포응집분자는 세포 사이마다 특이해서 발생 단계마다 다른 세포응집분자를 만들어낸다는 것이다. 예를 들어 신경판이 접기를 시작할 때는 배아 표면의 세포응집분자는 모두 같다. 그러나 신경관이 형성됨에 따라 장차 신경계가 될 세포들은 표면에 응집분자가 변해서 주변 세포의 것과 달라진다. 이것이 신경관을 융합시키고 분리시킨다.

마찬가지로 장차 수정체가 될 세포들은 세포응집분자가 주변 세포들과 분리되도록 변하지 못하면 세포층에서 떨어질 수 없다.

어떤 유기체가 자동 조립되는 데는, 결정체가 형성되는 것과 기본적으로 똑같은 방법으로, 세포 표면의 세포응집분자와 같은 분자들이 관여한다. 그리고 좋은 조건하에서 결정체를 형성하는 분자들은, 분자의 성질 때문에 자발적으로 조립되어 결정체로 바로 만들어진다. 소금과 설탕은 결정체 형성시 분자가 조립되는 방법이 서로 다르다. 이렇게 자동 조립으로 만들어진 형태는 구성 요소들의 성질에서 유래되었다는 것이 중요한 점이다.

비슷한 방법으로 해면 세포들을(목욕용 해면은 해면 세포들로 구성) 개개의 세포들로 분리시키면 세포들이 주위를 활발히 움직여 세포간 정확한 관계가 있는 하나의 정상적인 스펀지로 된다. 이는 자동 조립을 일으키는 응집친화력으로 설명할 수 있다. 만일 두 종류의 서로 다른 해면 세포들을 섞어 놓으면, 두 개의 정상적인 해면으로 되는 것을 볼 수 있는데, 이것만으로도 세포 표면의 응집력 본성을 다시 한번 설명할 수 있다. 세포들은 다른 종의 세포들과는 응집하지 않을 것이다.

자동 조립할 수 있는 것은 해면뿐만이 아니다. 작은 담수 종인 히드라는 장갑 모양을 하고 있는데 그 촉수를 사용하여 먹이를 포착한다(히드라는 재생력이 강하다. 13장 참조). 히드라도 역시 개개의 세포들로 분리될 수 있어서 더 많은 히드라를 형성하도록 재조립된다. 성게의 초기 배아도 개개의 세포들로 분리되면 작지만 하나의 정상 배아로 재형성될 수 있다.

고등 동물에서 이런 현상은 일어나지 않는다. 가령 개구리 알을 개개의 세포로 분리하여 섞어놓으면 하나의 개구리로 만들어질 수 없다. 이는 무질서한 혼합물이 될 것이다. 그러나 배아의 어떤 기관을 세포들로 분리했다가 자기가 유래된 조직과 비슷한 패턴으로 다시 모이게 할 수는 있다.

일반적으로 세포는 자기와 같은 종류의 세포와 결합한다. 또 같은 세포끼리 접촉하는 것을 즐기는 것처럼 보인다. 그래서 양서류의 초기 배아에서 한 세포군을 제거하여 각각의 세포들로 분리했다가 다시 모이게 하면, 세포들이 떼를 지어 빙빙 돌다가 스스로 끼리끼리 분류된다. 예를 들어 장차 피부가 될 배아의 바깥쪽에 있는 세포들은 장차 근육이 될 안에 있는 세포들을 에워싸고, 혹은 간이나 사지가 될 세포들을 섞어 놓으면 큰 덩어리들로 뭉쳐지기도 한다. 그러나 이때 정상적인 간이나 사지를 만들지 못한다.

이동하는 세포들

세포층이 변형되거나 접혀지면, 세포들은 이웃 세포들과 접촉하려는 경향이 있어 세포군의 응집체처럼 행동한다. 그러나 성게의 골격을 형성하는 세포들은 각자 꽤나 먼 거리를 이동한다. 척추동물에는 이동 능력이 강한 두 개의 세포군이 있는데 이는 신경제(neural crest)

신경형성기에 발생되는 신경제 세포들.

세포와 신경 세포이다.

신경융기 세포들은 신경관 융합이 일어나는 자리에서 생기는 한 무리이다. 융합 자리에서 세포는 층을 떠나 신경관 양쪽에 두 개의 세포 덩어리를 형성한다. 그 다음 이 세포들이 배아의 여러 부분으로 이동하게 된다. 어떤 세포들은 장차 피부의 밑으로 이동하여 색소 세포들을 만든다. 또 다른 세포들은 감각 신경, 장내 신경, 부신 같은 샘의 세포, 신경을 절연시키는 세포들로 된다. 또 다른 신경융기 세포들은 머리 부위로 이동하여 연골이나 뼈 등 머리와 얼굴 조직을 형성한다. 만일 머리 앞쪽으로 세포들이 적게 이동한다면 얼굴이 비정상적으로 작게 될 것이다.

세포가 지나가는 경로는 세포외 기질의 특성이나 도중에 다른 세포와의 접촉에 의해서 결정된다. 아마 가장 인상적인 세포의 이동은 신경세포의 이동일 것이다. 이들은 8장에서 자세히 논하겠다.

또 다른 극적인 현상은 원시 생식 세포의 이동이다(9장). 생식 세포들의 기원은 생식기관에서 멀리 떨어진 곳에 있다. 생식 세포들은 다른 세포들보다 크고 세포질이 특수하게 염색되기 때문에 구별이 쉬워 배아에서 생식 세포들의 이동을 추적할 수 있다. 이 세포들은 이동 경로에서 방위를 바르게 맞추어주는 세포외 물질을 따라서 이동한다.

만일 어떤 화학 물질의 농도 차이가 세포를 목적지에 도달하게 하는 길잡이라면 무척 놀라운 일이다. 어떤 세포는 화학주화성(chemotaxis)이 있어서 배양액에서 확산하고 있는 화학물의 원천을 향하여 움직인다는 데 의심할 여지가 없다.

또 어떤 백혈구는 감염인자에 대한 반응으로 이 현상을 나타낸다. 곰팡이와 관련 있는 한 원시유기체인 세포성 점균류(slime mold)는 화학 성분에 반응하여 서로 모이게 된다. 그러나 실망스럽게도 대부분의 발생 체계에서 이런 기작에 대한 증거는 거의 없다.

안면 성장

성장이란 형태를 변화시키는 중요한 기작이다. 일반적으로 성장이란 형을 만드는 과정으로, 신체의 주요 부분이 거의 다 자리잡는 발생의 후기 단계에 일어난다. 예를 들어 우리의 얼굴 모습은 각 부분들의 상대적인 성장에 따라 서로 다르게 된다. 발생의 초기에 사람 얼굴은 일련의 혹들로 구성되어서 상당히 괴상해 보이며 얼굴이 될 것 같은 기미는 전혀 없다. 혹이나 돌기라고 불리는 것들은 하나의 세포층으로 덮인 많은 세포들을 말한다. 양면에 하나씩 있는 두 개의 돌기는 아래턱으로 발달한다.

또 다른 두 개의 더 긴 돌기들은 뺨과 위턱이 되고, 하나의 중앙 돌

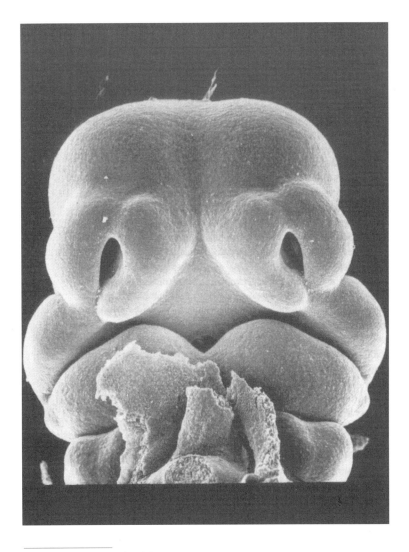

발생 초기에 보이는 사람의 얼굴(임신 5-6주).

기가 코로 된다. 각 돌기들은 각각 고유한 특징적인 성장 패턴을 거치며 이 모두가 함께 얼굴을 만들게 된다. 예를 들어 윗입술 가운데가 약간 함몰되는 것은 두 개의 돌기가 만나는 곳이기 때문이다.

사람이 잘 생기거나, 아름답다거나 그저 평범하다는 것은 성장 프로그램에 있어 미소한 차이일 뿐이라고 생각할 수 있다. 아름다움이란 단지 세포 분열이 한번 더 진행된 것이라고도 할 수 있다.

형과 패턴

수축, 응집력의 변화, 세포 이동과 성장 등 모두는 배아의 형을 만들어내는 세포의 활성이다. 이들은 다는 아니지만 매우 중요한 기작들이다. 어떤 경우에는 형을 만드는 기작들은 잘 알려져 있지 않다. 그렇다고 하더라도 우리는 발생하는 동안 시간적·공간적으로 다양한 세포 활성 패턴에서부터 어떻게 형태가 나타나는지를 알 수 있다.

세포의 힘들이 배아의 모양 변화를 가져온다는 것을 이해하고 난 다음 우리는 그 이상의 질문을 하게 된다. 가령 어떤 세포들은 이런 힘을 발휘하는데 왜 다른 세포들은 안 하는 걸까? 어떤 그룹의 세포들은 성장하는데 왜 다른 것들은 성장하지 않을까? 이 모든 질문들은 사실 세포 활성의 공간적인 조직 구성에 대한 것이다. 이것은 종이 접기와 같다고 하면, 우리는 종이가 접히는 곳을 알 필요가 있다. 같은 세트의 세포 활성이 반복해서 쓰이고——수축, 이동, 응집력의 변화 등등——조직을 서로 다르게 만드는 것은, 이런 활성들이 시간적·공간적으로 조직화되는 방법이다. 이것은 기관 형성의 문제이다.

3

패턴형성

사람의 신체를 침팬지와 비교하면 유사한 부분이 많다. 예를 들어, 침팬지의 팔과 다리는 비율만 다를 뿐 근본적으로는 같다. 내부 기관을 보더라도 심장이나 간은 우리 것과 구별하기가 힘들다. 또한 이 기관의 세포들을 조사해 보면 우리 것과 비슷하다. 그러나 우리는 침팬지와 매우 많이 다르다. 그 차이점은 뇌 안에 있다. 그렇다면 우리는 침팬지가 가지고 있지 않은 특이한 뇌 세포들을 가지고 있는 것일까? 그렇지 않다. 사람이라고 침팬지에 없는 다른 종류의 세포를 가지고 있지 않을 뿐 아니라, 침팬지도 사람에게 없는 다른 종류의 세포들을 가지고 있지도 않다. 우리와 침팬지와의 차이점은 바로 세포들의 공간적인 구성의 차이에 있다.

여러분의 팔과 다리를 서로 비교해 보라. 둘다 같은 종류의 세포들을 가지고 있다——근육, 힘줄, 피부, 뼈, 등등——그러나 자세히 보면 서로 다르다는 것을 알 수 있다. 이것은 세포들이 공간적으로 배열되는 방법으로 다시 한번 설명할 수 있다. 또한 동물에 따른 차이점을 공간적 패턴화가 다르기 때문이라고 설명하는 원리는 척추동물에 걸쳐 두루 적용된다. 물고기, 개구리, 새와 사람을 만드는 세포의 종류에는 약간의 차이가 있는데, 주된 차이는 그 세포들이 공간적으로 구성되는 데 있다. 모든 척추동물을 이루는 구성요소는, 근본적으로는 같지만 조립되는 방법이 다르다. 이 조립되는 방법이 패턴형성의 과정이다.

  패턴형성은 세포들이 무엇을 해야할지, 어떻게 행동해야 할지를 어떻게 알아내는가 하는 문제로 궁지에 빠진다. 우리는 앞서 형태 형성에서 배아 모양의 변화는 국부 수축과 세포 응집력의 변화라는 것을 보았다. 세포들이 어떻게 여타 세포들과 달라지도록 모양을 특이하게 변형시킬까? 종이 접기에서처럼(2장) 종이가 접힐 곳을 지정하는 것은 무엇일까? 비유를 하자면 형태 형성시 접히는 것은 금속세공술과 같다고 생각된다. 패턴형성은 그림 그리기와 같은 것이다.

조화로운 시스템

  믿는 것이 보는 것이다. 17세기에 전성설 신봉자들은 정자의 머리 부분에 아주 작은 사람——극미인(homunculus)——이 발현되기만을 기다리며 축소되어 있다고 주장했다. 또 다른 전성설 신봉자들은 난자 안에 어른이 축소판으로 존재하고 있다고 생각했다. 이런 조잡한 초기 이론들은 19세기말까지 모두 사라져버렸음에도 불구하고 전성설 신봉자들의 이런 착상들이 아직도 중요한 이론으로 남아 있

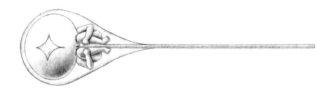

정자의 머리 부분에 웅크린 극미인.

다. 그것은 발생 패턴이 난자 내에 어느 정도까지 존재하는가가 문제이다. 어느 정도까지 패턴이 이미 형성되어 있는가? 각 세포의 핵이나 세포질에 장래 세포의 발생을 조절할 특수한 결정 인자가 생기는 것은 난자가 나누어지는 난할기 동안이 아닐까? 세포 분열이 몇 번 거듭되면서 이런 결정 인자들이 불균등하게 분포될 것이다. 본질적으로 이것은 1890년대에 근대 배아학의 선구자 중 한 사람인 오거스트 와이즈만(August Weissman)이 제안한 전성설이다. 그는 이를 군대 조직에 비유하여 설명했다. 즉 수정란의 핵은 전체 군대를 말하고, 수정란이 분할함에 따라 근육 부대 또는 연골 부대 같은 각기 다른 부대들이 각 다른 세포들로 분포된다. 그는 발생을 원인 과학으로 간주하는 데 도움을 주었지만 그의 이론은 크게 잘못되었다. 그럼에도 불구하고 난할기 동안 핵의 결정 인자들이 불균등하게 분포된다는 그의 전성설적 개념은 중요한 실험들을 이끌어내었다.

또 다른 독일 생물학자인 빌헤름 룩스(Wilhelm Roux)는 이 주제의 아버지라고 할 만큼 더 나은 이론을 주장했다. 그는 발생 기술자(developmental mechanics)란 용어를 만들어내었고, 초기 발생의 원인 분석을 처음으로 시도한 사람 중 하나였다. 그는 첫 분할을 마친 개구리의 2세포기알 중 한 세포를 뜨거운 바늘로 죽인 다음 남아 있는 세포의 발생을 관찰하였다. 전형적인 배아의 반쪽은 마치 배아 하나를 면도칼을 이용하여 줄을 그은 것처럼 보였다. 배아의 세밀한 패턴이 알 안에 서장되어 있다가 난할시 분리되는 것처럼 보여 와이즈만의 주장을 뒷받침하는 듯했다. 그러나 그의 동료인 한스 드리히 (Hans Driesch)는 납득할 수가 없었다.

　룩스의 결과는 1888년 처음으로 발표되었다. 3년 뒤 나는 이 기초적인 실험을 약간 다른 방법으로 다른 주제에 반복 시도하였다. 보통 성게의 알은 어떤 처리에도 잘 견디어낼 수 있고, 특히 흔들어서 조각으로 깨져도 그 파편들이 생존하여 난할을 계속할 수 있다는 것을 헤르트비히 (Hertwig)와 보베리(Boveri) 형제는 세포학적 연구로 알게 되었다. 나는 이런 사실들을 나의 목적을 위해 이용하였다. 2세포기의 알을 다소 격렬하게 흔들어 두 세포 중 한 세포는 다치게 하지 않고 하나만 죽이기도 하고…… 남아서 생존하는 세포의 발생을 관찰하였다. 마치 원래 옆의 세포와 접촉하고 있는 것처럼 난할을 계속해 나갔다…… 그래서 룩스의 결과와 차이가 없었다. …… 그리고 게다가 그 다음날 아침 하나의 완전한 축소형 포배가 수영하고 있었다. 나는 룩스의 결과와 똑같은 특성을 갖게 되었다고 확신하였고, 완전한 포배임에도 불구하고 그 다음날 아침 다시 한번 반쪽 조직화가 일어나리라고 기대했다. 반쪽 관으로 장이 그 한 면에서 생길 것이고, 세포들의 고리 또한 반쪽일 거라고 가정하였다.
　그러나 모든 것들이 한계가 있었고 내가 기대한 대로 되지 않았음이 드러났다. 그 다음날 배양접시에는 전형적인 완전한 낭배가 하나 있었고,

정상적인 것과는 크기만 작을 뿐이었다. 작지만 완벽한 이 낭배는 완전히 전형적인 유충으로 발생하였다.

그것은 룩스의 결과와 정반대로 조절(regulation)이라고 알려진 과정을 처음으로 명백하게 보여주었다. 즉 배아의 일부분이 제거되거나 재배열되었을 때조차도 배아가 정상적으로 발생하는 능력을 말한다.

드리히(Driesch)는 조절의 예를 몇 가지 더 보여주었는데, 4세포기의 각 세포조차도 하나의 완전히 정상적인 배아로 발생할 수 있었다. 이는 패턴이 수정란 내에 저장되어 있지 않다는 것을 아주 분명하게 보여주는 것이다. 극미인 같이 수정란 내에 각 부분들이 골고루 저장되어 있다면, 배아를 두 개 이상의 부분으로 나눌 때 패턴도 두 개 이상으로 나누어지므로 각각은 단지 전체 중 하나의 조각만을 형성하게 될 것이다. 그러나 분명히 그 경우는 아니었다.

드리히는 계속해서 성게의 배아에서 다른 조각들을 분리하여, 각 조각이나 또는 몇 조각들을 조합하면 어떻게 정렬시켰는지와는 상관없이, 작지만 정상적인 하나의 배아가 되었다고 주장했다. 그는 성게의 초기 배아 내 모든 부분이 하나의 정상적인 유기체를 발생시키는 기능이 있다는 면에서, 초기 배아는 시간적인 관점에서 하나의 조화로운 등위계(equipotential system)라는 결론을 내렸다. 더 자세히 말한다면, 그는 실험을 통해서 세포는 항상 배아 내 자기의 상대적인 위치에 따라서 발생하는데, 세포에게 자기 위치를 알려주어 세포가 무엇을 해야 할지를 알게 하는 일종의 자가 조직화 하는 좌표계가 필요하다고 주장하였다. 이런 좌표계의 자가 조직화는 고전적인 과학과는 거리가 멀어 특별한 생물학적인 힘, 즉 생명력(entelechy)이 필요하다고 그는 주장하였다. 그의 주장의 기본 원리는 일반적인 생명, 특히 발생은 화학이나 물리학적 용어로는 설명될 수 없다는 것이었다. 그는 활력론자로서 어떤 신비로운 생명력을 헛되이 찾고 있었다.

드리히의 주장은 두 가지 이유에서 틀렸다고 볼 수 있다.

첫째로, 배아에서 떼어낸 부분들이 항상 정상적으로 발생하는 것은 아니었다. 그는 이를 아주 잘 알았지만 무시하기로 결정했다. 둘째로, 세포들의 상대적 위치를 지정하는 자가 조직화 시스템을 상상하는 것은 너무나 쉬운 일이었다.

드리히는 배아의 일부분들이 정상적으로 발생하지 않았던 실험들을 무시하였다. 4세포기의 알을 분리시키면 각각이 하나의 정상적인 유충이 된다는 그의 주장은 옳았다. 그러나 8세포기의 배아를 세 번째 분할면과 수평으로 잘라서 세포 4개로 구성된 부분을 2개로 만들면 각각은 아주 다르게 발생한다. 하나는 장이 전혀 형성되지 않는 단순한 세포 덩어리가 되고, 다른 하나는 비교적 정상적인 유충이 된다. 이것은 바로 조화로운 등위성(equipotentiality)의 경우이다.

성게의 알은 처음부터 극성이 뚜렷하게 나뉘어져 있어서 세포질 내 차이가 있다는 것은 이미 알고 있을 것이다. 즉 난소에 붙어 있는 부위는 동물극이고 반대 부위는 식물극으로 알려져 있다. 식물극은 장 세포들이 발생할 영역이고, 또 골격을 형성할 세포들이 들어갈 곳이다. 동물극과 식물극은 배아의 주된 축으로 정의되고 처음의 두 난할은 그에 평행하게 일어나나 세 번째 난할은 항상 그 축에 직각으로

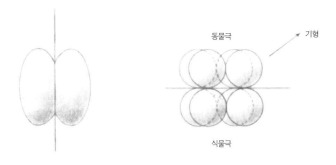

성게의 수정란에서 보이는 난할 방식. 수정란은 처음에 동물극과 식물극을 따라서 분열(경할)하여 2 세포기가 되고(왼쪽), 이어서 두번째도 마찬가지 방식으로 분열하여 4 세포기가 된다. 그 후 동물극과 식물극 축에 직각으로 분열(위할)하여 8 세포기가 된다(오른쪽).

일어난다.

2세포기나 4세포기의 세포들을 동·식물 축대로 분리시켜도, 각 세포들은 동물극과 식물극을 동시에 포함하고 있어 정상적으로 발생한다. 그러나 동·식물 축을 동물극이나 식물극 중 한쪽만 포함하도록 나누면 정상적으로 발생하지 못한다. 세 번째 난할시 처음 두 난할에 직각으로 쉽게 자를 수 있어서 배아를 4개의 동물극 세포와 4개의 식물극 세포로 나눌 수 있다. 분리된 동물극 반쪽의 세포들은 하나의 단순한 속이 빈 구형으로 발생한다. 즉 아주 초기부터 알의 세포질에는 동물극 지역과 식물극 지역을 다르게 만드는 무언가가 있다. 어떤 종에서는 식물극 근처에 색깔이 있는 과립들이 있어서 식물극을 구별하는 표시가 되기도 한다.

드리히가 성게 초기 배아의 조절 특성에 한계가 없다고 못박은 것은 틀렸다 할지라도, 그는 배아가 현저한 조절 능력이 있음을 보여주었다. 그리고 세포들을 재배열시키는 많은 실험에서 아직도 정상적 발생을 야기할 수 있다. 여기서 다음의 문제에 직면하게 된다.

성게의 초기 배아에서 장이나 골격, 표피층을 형성하는 세포들의 비율을 책임지는 조직은 무엇일까? 또한 세포들을 아주 다양하게 재배열시킨 배아나 크기를 8배 이상으로 변화를 시킨 배아에서도 같을까? 두 개의 알을 융합시켜서 만든 거대 배아나 4분의 1로 된 배아들은 모두 정상적인 유충으로 발생한다.

그러나 포유류의 초기 배아에서는 수정란 내에 극성이 없기 때문에 드리히가 옳았다. 생쥐의 알에서 적어도 16세포기까지 모든 세포는 운명이 정해져 있지 않고 동등한 것처럼 보인다. 생쥐 초기 배아 세포를 수없이 많은 조합으로 재배열시켜 정상적인 발생이 일어나게 하는 것이 가능하다. 생쥐에서 몇 개의 배아를 서로 밀어주어 융합시킨 뒤, 이 큰 덩어리를 어미에게 다시 이식하면 하나의 정상적인 생쥐가 발생할 것이다.

사람에서 일란성 쌍둥이나 세 쌍둥이가 발생하는 것은, 수정란 내에 고정된 패턴이 없음을 다시 한번 보여주는 것이다. 놀랍게도 일란성 쌍둥이는 2세포기 때 두 개의 세포로 각각 분리되기 때문에 일어나는 경우는 드물다. 그 대신 배아가 거의 수백 개 세포들로 이미 만들어졌을 때인 훨씬 나중에야 분리가 일어난다. 이는 사람의 배아에는 수백 개의 세포가 있을 때조차도 세포들의 운명은 정해져 있지 않아서, 두 개로 나누어지면 두 개의 정상적인 배아로 발생될 수 있다는 것을 의미한다.

프랑스 국기 문제

그러면 세포들이 어떻게 바른 패턴을 만들 수 있을까? 이 문제는 단순화하는 것이 편리하다. 그러므로 성게나 생쥐의 배아 대신 깃발에 대해 생각해보자. 만일 세포들이 각각 파란색, 흰색, 빨간색으로 일렬로 정렬해 있다고 상상해보자. 문제는 프랑스 국기처럼 보이도록, 처음 3분의 1은 파란색이고, 가운데 3분의 1은 흰색이고, 마지막 3분의 1은 빨간색으로 패턴을 만드는 것이다. 세포들을 재배열시키거나 선의 길이를 다르게 하더라도, 세포들이 이런 패턴을 정확히 만들도록 하는 것은 어떤 조직 원리일까?(우리가 이런 선 위에 서 있다고 상상하는 것도 전혀 도움이 안 되는 것은 아니다. 어떻게 색깔이 결정될까?)

많은 해결책이 있지만 가장 흥미로운 것은 세포들이 선상에서 자기의 〈위치를 알고 있다는 것〉이다. 만일 양쪽 끝에서부터 자기들의 위치를 안다면, 어떤 것이 가운데로 들어가는지를 결정할 수 있어서 색깔을 완성할 수 있다. 이렇게 세포들은 양쪽 끝에서부터 번호를 붙이면서 자기의 위치를 알게 된다.

그러므로 어떤 세포가 가운데로 들어가는지를 아주 쉽게 알아낼 수 있다. 더욱이 세포들이 자기 자리를 계속 지킨다면, 초기 단계에서 어떤 세포들을 선에서 제거시켜도 문제가 안 될 것이다. 일부분이 제거되어도 그 시스템을 정상으로 돌려 조절하는 것을 알 수 있다. 가령 깃발이 배아는 아니지만, 프랑스 깃발을 조절하는 것처럼 발생에서 배아가 행동하는 경우는 많다.

그 다음 세포들이 해야할 아주 어려운 일 두 가지가 있다. 첫 번째는 자기들이 어디에 있는지를 아는 것, 즉 위치에 대한 정보를 얻는 것이다. 두 번째는 이 정보를 적절하게 사용하는 것이다. 우리는 후자보다 전자에 대해서 훨씬 더 많이 알고 있다. 그러나 세포들은 위치를 이미 지성받았기 때문에, 그 위치를 해석하여 패턴을 형성할 수 있다. 이것이 패턴을 만드는 강력한 수단이다. 예를 들어, 패턴을 이차원으로 연장시키면 파란색, 흰색, 빨간색이 될 수 있는 세포들을 이용하여 우리는 프랑스 깃발도 만들 수 있고, 미국 성조기나 영국 깃발인 유니온 잭도 만들 수 있다. 이것이 매우 복잡한 패턴들을 만드는 방법이 된다.

세포들이 마치 관중석에 있다고 상상해 보라. 각 세포는 고유의 줄 번호와 좌석번호를 갖게 되는 것과 같다. 게다가 모든 세포는 그들이 제 위치에서 해야할 일이 적혀 있는 한 세트의 지시——아마도 유전정보——를 갖고 있어야 한다. 세포는 이 지시 세트에서 자신의 위치를 찾고 그에 따라 행동한다. 나중에 알게 되겠지만, 각 패턴에 대해 세포들은 아마도 같은 위치 정보를 갖고 있지만 해야할 일을 해석하는 데 있어 다른 규칙들을 따를 것이다. 그렇지만 세포의 유전적 조성과 발생 역사에 따라 해석하는 규칙은 다를 것이다.

만일 세포들이 좌표에서처럼 자기의 위치가 지정된다면, 경계 지역 또는 원점으로부터 위치가 측정되는 것은 당연하다. 경계 지역에서부터 거리를 측정하는 몇 가지 방법이 있다. 한 방법은 선의 한쪽 끝에 농도가 일정한 화학물질이 있는데, 이 농도는 선을 따라 이동하면서 감소할 것이다. 이는 그 화학 물질의 농도에 따른 기울기를 만들 수 있고, 만일 세포들이 이 농도를 읽을 수 있다면 경계와 관련하

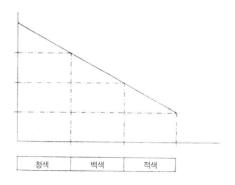

| 청색 | 백색 | 적색 |

위치 정보를 결정하는 방식. 일정한 범위의 농도(세로 축)는 특정 세포(가로 축)를 결정한다.

여 선상에서 자기의 위치를 알 수 있다.

화학 물질의 농도를 사용하는 것은 지정된 위치를 찾는 여러 가지 방법 중 하나이다. 세포 사이에 주된 의사소통은 위치 지정에 대한 것이다. 만일 우리가 발생시 세포들 사이의 대화를 들을 수 있다면 대단히 환상적일 것이다. 만일 모든 대화가 위치에 대한 것이라면, "너는 33번", "오케이, 너는 32 번, 내 이웃은 34번이야." 이런 이야기들을 듣게 될 것이다. 그다지 흥미로운 대화는 아닐지라도 패턴을 형성하는 데는 아주 결정적이다.

세포 사이의 의사소통은 몇 가지 방법으로 일어난다. 분명한 것은 화학 물질이 한 세포를 떠나서 다음 세포로 확산되어가는 것이다. 만일 그 물질이 먼 거리로 확산된다면 이는 고함을 지르는 것과 같아 더 많은 세포들이 그 신호를 받게 된다. 또 다른 종류의 의사소통은 세포막 사이의 직접적인 접촉이다. 이는 간극연접(gap junction)이라고 알려진 미세한 구멍들이 접촉 부위에서 발달하여 두 세포의 세포질 사이의 직접적인 대화를 가능케 한다. 그 구멍은 아주 작아서 큰 분자는 통과하지 못한다. 따라서 신호란 단지 아주 작은 분자야 한다. 이 채널은 신호가 세포막 내에 남게 하는 장점이 있어 외부의 배양액으로 절대 나가지 못한다. 또 다른 가능성은 세포외 물질을 의사소통의 수단으로 이용하는 것이다.

만일 세포가 좌표계에서처럼 자기의 자리를 지정받아 위치 정보를 해석하는 규칙을 갖는다면, 적당한 해석 규칙을 이용하여 얼굴부터 다리까지 필요한 어떤 패턴이라도 만들어내는 것이 가능하다. 세포들이 실제로 이런 기작을 사용하는지는 아직도 연구 중이다.

그렇다면 세포들의 위치 영역은 얼마나 넓을까? 세포들이 자기의 위치를 확고히 하기 위해 대화해야 할 거리는 어디까지일까? 그 거리는 매우 짧다. 성게에서 위치 신호는 세포 20개 이상을 넘게 전달되지는 않는다. 지금까지 위치 신호가 세포 30-50개 거리인 약 0.5mm 이상 전달되었다고 보고된 적은 없다. 위치 영역이 이렇게 작은 것은 두 가지의 중요한 의미가 있다.

첫 번째는 화학물질들의 단순한 확산이 신호가 될 수 있다는 점이고, 두 번째는 만일 이렇게 작은 영역에 패턴이 저장되어 있다면, 후기 발생은 주로 사전에 저장된 프로그램 때문에 일어날 것이다. 배아는 세포 사이의 상호작용이 작은 규모로 일어나도록 조직화되어 있다.

성게의 배아로 돌아가서, 어떤 쪽이 무엇이 되는지, 즉 경계 지역을 확증하는 데 동·식물극의 차이가 쓰일 수 있음을 알 수 있다. 그리고 세포간의 상호작용이 세포에게 위치 정보를 알려준다. 한 고전적 실험이 이 가능성을 설명해준다. 초기 배아의 동물극 반쪽은 하나의 단순한 세포 덩어리로 발생한다. 그러나 만일 식물극 쪽의 세포들과 조합시키면 작지만 정상적인 하나의 배아로 발생한다. 이는 마치 식물극 쪽 세포가 위치 정보를 지정하는 새로운 경계 지역이 되는 것과 같다.

알과 축

알은 구 모양이지만 한쪽은 머리를, 다른쪽은 꼬리를 발생시킨다. 거의 모든 동물은 두 개의 축이 있는데, 머리와 꼬리를 나누는 전-후축과 그와 직각인 등-배축이 있다. 머리의 얼굴은 배쪽이고 머리의 뒷부분은 등쪽이다. 말의 안장 부분도 등쪽이다. 발생시 어떻게 이 축들이 지정될까?

성게나 개구리 같이 어떤 알은 전-후축, 등-배축으로 나뉠 극성이 처음부터 알에 뚜렷하게 있으나 그대로 되지는 않는다. 개구리 알의 전-후축은 동-식물극 축과 다소 같다. 그러나 등-배축은 수정시 정자가 들어가는 자리에 의해서 지정된다. 그 자리는 배 쪽이 된다. 생쥐의 경우 축이 없고 전-후축과 등-배축은 발생이 일어나는 동안 아직 알려지지 않은 어떤 방법에 의해서 지정된다.

조절과 운명

발생학자들은 조절 과정이 정상적인 발생시 패턴을 확립하는 방법이고, 방해 실험의 이상한 결과는 아니라고 근본적으로 믿고 있다. 그러나 조절은 발생 전체에 걸쳐 계속되는 것일까? 아니면 단지 초기 배아에만 있는 성질일까?

초기 배아의 세포들에게 꼬리표를 달 수 있어서 발생 동안 그 세포들이 무슨 일을 하는지 추적할 수 있다. 이는 세포들의 정상적인 운명을 찾아내는 한 방법이 된다. 배아의 한 지역 내 세포들을 염색약으로 표시할 수도 있고, 또 매우 가는 관으로 하나의 세포 안으로 형광 염색약을 주사하면, 발생 동안 한 세포와 그에게서 갈라져 나오는 세포들을 추적할 수 있다. 이 방법으로 영원(newt)이라는 동물의 근육은 초기 배아의 특정 지역에서 항상 유래되고, 눈은 전혀 다른 지역에서 유래되며, 장은 또 다른 지역에서 유래되는 것을 볼 수 있다. 이렇게 모든 장기의 기원을 지도로 만들 수 있어서 정상적인 배아가 생기는 계보를 표시하는 예정 배역도(fate map)를 만들 수 있다. 장은 초기 배아의 난황 부분에서, 골격이나 근육은 초기 배아의 중간 부분에서, 신경계는 초기 배아의 윗부분에서 발생된다.

어떤 면에서 이 예정배역도는 일종의 퍼즐과 같다. 어떻게 해서 장, 뼈, 근육 등을 형성할 세포들은 초기 배아에서 바깥쪽에 있고, 그들이 만드는 구조들은 성체 동물의 내부에 있는 것일까? 그 대답은 낭배 형성에 있다. 바깥쪽의 세포들은 낭배기 동안 안으로 이동하고 낭배기 말기에 적절한 위치를 취하게 된다. 주된 신체 윤곽(body

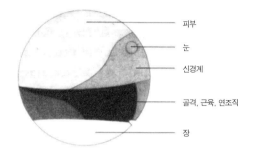

피부

눈

신경계

골격, 근육, 연조직

장

영원의 예정배역도.

plan)이 만들어지는 것은 낭배기 동안이다(제2장).

예정배역도는 마치 기차 시간표 같아서 정상적으로 무슨 일이 일어날지를 알려준다. 만일 날씨가 나쁘거나 파업을 할 경우에, 기차시간표를 통해 알 수 있다. 이와 같이 예정배역도도 배아에서 실험적인 여러 조작에 의해서 시스템이 방해받을 경우에 이를 알려준다. 그러나 다른 결과들이 초래될 가능성이 없다는 것은 절대 아니다.

초기 배아에서 눈으로 발생할 부분의 세포들을 장이 발생할 곳으로 이식시키면 더 이상 눈으로 발생하지 않고 장으로 발생된다. 이는 조절의 한 예이지만, 개구리의 경우 초기 배아의 각 부분들의 운명은 고정되어 있지 않음을 보여준다. 일반적으로 척추동물의 배아 세포들은 발생 초기에 한 지역에서 다른 지역으로 옮겨질 때, 원래 있던 위치가 아닌 새 위치에 따라 발생된다. 즉 그들의 운명은 배아 내 새 위치에 따라 좌우되며 그들은 새 주소에 반응하는 것이다.

이런 운명의 유연성은 오래 가지 않는다. 시간이 지남에 따라 세포

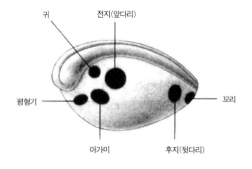

귀　　　　전지(앞다리)

평형기 ⋯⋯⋯⋯⋯⋯

꼬리

아가미　　　후지(뒷다리)

특정 조직으로의 발생이 결정된 세포의 운명.

들의 운명은 완전히 정해질 때까지 점점 제한된다. 그래서 발생 후기 단계에 —— 낭배기가 끝난 다음에도 마찬가지지만 —— 눈이 형성될 부분을 복부가 될 부분에 이식하면 거기에서 하나의 눈이 발생한다. 즉 배아의 복부에서, 격리되고 보지 못하는 눈이 하나 발생되는 것이다. 이 결과는 아주 보편적이다. 초기 배아는 자기 위치에 따라 발생하지만 시간이 지나면 운명이 고정된다. 이는 다른 부위에 이식해도 원래 위치의 운명대로 발생하게 된다. 그리고 세포들은 시간이 지남에 따라 자발적인 발생 프로그램을 갖게 되어 더 이상 새로운 위치 신호에 반응하지 않는다.

세포의 운명이 고정되어가는 과정을 결정(determination)이라고 한다. 결정의 가장 보편적인 특징은 미묘한 화학적 변화를 포함하여 주로 유전자를 켜거나 끄는 것이다. 그 뚜렷한 결과를 여러 시간 동안 관찰할 수 없을지도 모른다. 낭배기 후에 눈이 될 부분을 복부가 될 곳에 이식하면 눈이 발생되는데, 그 조직은 겉으로 보기에는 눈으로 발생될 기미가 없다. 즉 낭배기 말기까지 여러 지역에서 변화하는 발생 경로를 보여주는 지도를 배아에 그릴 수 있다. 이 시기의 배아는 서로 독립적인 여러 지역으로 나뉘어져 발생한다. 이러한 위치 신호는 세포 사이의 의사소통 중 한 종류일 뿐이다. 세포군 사이의 신호 중에서 중요한 것은, 유도(induction)라 불리는 과정으로 배아 발생에서 상호 작용의 주된 방법이다.

유도

지금까지 발생학에 있어서 노벨상 수상자는 단 한 명뿐이다. 1935년 독일의 발생학자인 한스 스페만(Hans Spemann)이 형성체(organizer)를 발견한 공로로 수상했다. 1924년 그의 동료인 힐데 맨골드(Hilde Mangold)는 영원의 낭배 초기에 바깥쪽 세포들이 함입되기 시작할 때, 그 조직의 한 조각을 다른 배아의 반대쪽에 이식했다. 그 결과 놀랍게도 또 하나의 완전한 배아가 이식된 지역에서 발생하였다. 이 조직은 이식받은 배아 조직의 운명을 완전히 바꾸도록 유도하여 또 하나의 배아를 형성하도록 했으며 이 때문에 이를 '형성체'라고 명명했다. 마치 이식이 하나의 새로운 배아를 만들도록 하여 그 근처 세포들의 위치를 다시 지정한 것과도 같다. 이런 종류의 실험에서 중요한 특징 중 하나는, 만일 바깥쪽의 장차 근육이 될 세포들을 안쪽으로 이동시키면 신경계가 발생하는 것이다. 이렇게 이동한 세포층이 일종의 신호가 되어 자기들이 놓여진 층에서 신경계 발생을 유도한 것이다.

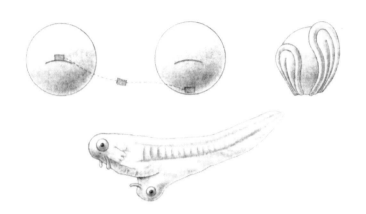

영원에서 신경계를 유도하여 머리를 하나 더 만드는 형성체.

유도의 발견은 실험 배아학자들에게 큰 영향을 미쳤다. 무엇보다도 이는 세포 사이의 상호 작용에 대한 첫 번째 확실한 증명이었다. 이런 상호 작용이란 개념은 이전 실험들에서도 유추될 수 있었지만 이 결과는 훨씬 더 명쾌하고 극적인 것이었다. 형성체인 이 조직은 접촉하는 다른 조직에 영향을 줄 수 있어서 새로운 배아를 형성시킬 수 있다. 또 다른 중요한 특징은 실험 방법에 있었다. 이식된 조직이 호스트에서 새로운 배아를 진짜로 유도했다는 것을 확증하기 위해서, 호스트 세포와 이식된 세포를 구별할 표시(marker)를 사용해야 했다. 스페만은 이런 목적을 위해 색소가 있는 종과 없는 종 두 종의 영원을 사용하여 천연적 차이점을 이용했다. 색소가 없는 종을 색소가 있는 종에게 이식했을 때, 새로 생긴 축은 분명히 색소가 있는 것이었다.

스페만과 맨골드가 발견한 형성체는 그들에게 경이로운 것도 행운도 아니었다. 그것은 오랜 기간 동안 수행된 수많은 다른 실험들에 기초를 둔 정교한 실험의 결과인 것뿐이었다. 그보다 훨씬 전, 어떤 미국인 배아학자가 수행하였지만 그 의미가 간과되었을 가능성이 있다고 생각한 스페만은 '발견이란 우연히 일어날 수 있지만, 무시될 수 없다'라고 말했다.

배아 유도는 더 나은 분석을 하는 데 훌륭한 하나의 시스템이 되는 것 같이 보였다. 예를 들어 다른 배아나 다른 신경계를 형성하는 형성체에서 나오는 신호의 본성에 대해 추구하도록 만들었다. 형성체 조직이 죽었을 때도 아직 유도할 수 있다는 사실이 밝혀졌을 때, 어쩌면 화학적 신호를 주는 물질을 추출할 수도 있겠다는 가능성을 주어 매우 희망적이었다. 하지만 애석하게도, 이는 매우 어렵다고 판명되었다. 모든 종류의 물질과 모든 조직들은 유도자로서 작용할 수 있었고,——쥐의 간에서부터 열로 처리하여 죽인 신경 조직까지——너무 많은 물질들이 긍정적인 효과를 가지고 있었다. 수천 번의 실험에도 불구하고 신호의 본성은 오늘날까지도 아직 밝혀지지 않았다. 단 양서류의 초기 발생에서 유도 신호가 확인된 사례가 한 번 있을 뿐이었다.

양서류의 수정란에서 위쪽 동물극 부분은 아주 색소가 많은 데 비해, 아래쪽 식물극은 희고 난황이 있어 무겁다. 색소가 있는 동물극 부분은 피부와 신경계로 발생하고, 난황이 있는 식물극 부분은 장이 되고, 중간 부분은 골격과 근육과 연조직이 된다. 이것이 정상적인 운명이지만 적어도 근육은 처음부터 경로가 정해진 것이 아니라, 아래쪽 식물극 쪽에서 오는 신호를 필요로 한다. 초기 단계의 배아에서 장래 근육을 형성할 부분을 분리하여 배양하면 근육으로 발생하지 못한다. 근육 발생을 위해서는 식물극 부분에서 오는 유도 신호가 반드시 지나가야 한다.

식물극에서 오는 유도신호를 밝히기 위한 표준 실험은 동물극 뚜껑(animal cap)을 사용한다. 이때 동물극 뚜껑을 분리하여 배양하면 절대 근육으로 될 수 없고 단지 하나의 세포층을 형성할 뿐이다. 만일 동물극 뚜껑에 식물극 쪽의 세포를 약간 섞으면 근육이 만들어진다. 최근에는 식물극 부분에서 유도 물질이 확인되었는데, 분리된 동물극 뚜껑에 이 물질을 아주 극소량 넣었을 때 근육이 발생했다. 이 유도 물질 분자들은 놀랍게도 성장인자(growth factor)와 동일한 단백질임이 최초로 밝혀졌다(11장 참조).

성장인자들은 발생 후기에 작용하고 또 성인에서 신호 분자로서 작용한다. 이중 하나인 액티빈(activin)은 생식에 관여하는 호르몬으로 이 작용에 관여하고, 같은 신호들이 전혀 다른 목적으로 사용될 수도 있다. 이 성장 인자들은 신체의 주된 축을 결정하는 형성체에서 오는 신호들임이 판명되었다.

또한 이 실험 시스템은 세포의 사회성에 대해 설명하기도 한다. 왜냐하면 양서류 초기 발생에서 유도신호에 대한 반응으로 무리를 짓기 때문이다. 두 개의 식물극 부위 사이에 동물극을 샌드위치 같이 놓아서, 식물극 부분의 유도에 대한 동물극이 반응하는 능력을 조사하였다. 이때 만일 세포들을 샌드위치 안으로 단단한 이중창처럼 두껍게 넣으면 유도가 일어나 많은 세포들이 근육으로 발달하지만, 얇은 단일층으로 넣으면 근육 세포들이 전혀 발생하지 않았다. 세포들은 유도를 일으키기 위해서 충분한 크기의 군집을 이루어야 한다는 것이다. 이 현상을 군집 효과(community effect)라고 부른다——즉 세포들의 발생에는 유사한 다른 세포들이 있어야 한다. 발생시 한 조직이 주변 조직에게 신호를 보내서 발생의 경로를 변경시키는 상호 유도 작용의 예는 많이 있다. 유도란 발생 초기뿐 아니라, 후기에 주변 세포군들의 행동을 통합시키는 강력한 수단이 된다. 예를 들어 눈은 복잡한 구조로 아름답게 형성되어 있지만, 구성하고 있는 각각의 부분들은 발생 경로가 서로 매우 다르다. 눈의 주요 부분인 망막은 뇌에서 성장해 나오지만, 수정체는 바깥쪽에 있는 한 층의 세포층이 함입됨으로써 발생한다. 수정체는 안배 모양으로 성장해 나와 뇌가 표면에 접근하는 바로 그 지점에서 형성된다.

눈의 형성에는 결정적인 이 두 발생 사건의 조합이 중요한데, 어떤 동물에서는 뇌의 안배가 표면에 접근하여 닿는 곳에서 수정체를 발생시키도록 유도하여 정확한 장소에서 눈이 발생한다. 그리고 다른 안배를 이식하면 다른 눈이 바깥쪽에 있는 층에서 형성되도록 유도할 수 있다. 재차 말하지만 신호의 본성은 아직 알려지지 않았다.

유도란 대부분의 경우에, 세포층 바로 밑에 있는 세포에서 나오는 신호이다. 가장 극적인 예 중 하나는 치아를 덮고 있는 에나멜의 발생이다. 치아는 눈처럼 두 종류의 다른 그룹에서 발생된다. 여기에는 느슨한 세포 덩어리로 되어 잇몸을 덮고 있는 한 세포층이 있다. 에나멜은 이 세포층에서 유래되는데, 잇몸 밑에 있는 세포들에 의해서 유도된다.

그러나 그것은 별로 큰 일이 아니다. 좀더 극적인 것은 생쥐 배아의 잇몸을 덮고 있는 위층을 분리하여, 사지를 둘러싸고 있는 세포층과 재조합시키면 정상적으로는 피부를 형성한다. 이 새로운 조합을 배양하여 하나의 훌륭한 치아를 발생시킬 수 있지만, 발의 피부가 되었을 세포층은 에나멜을 만들도록 유도한 것이다.

유도신호의 본성이 무엇이든지간에 종에 따라 전혀 다르게 인지되는 것이 신호이다. 개구리 배아의 세포층 표면과 영원의 입 근처의 표면 밑에 있는 조직과 결합시키면 처음에는 당황하겠지만 아주 재미있는 결과가 나온다.

개구리 배아는 입 근처에 돌이나 식물에 붙을 수 있는 흡입기가 있는 올챙이로 발생한다. 영원은 절대 이런 구조로 발생하지 않는다. 그러나 진화상 개구리와 영원은 수백만 년 전에 분리되었음에도 불구하고, 개구리의 표면층을 영원의 입 근처에 놓아주면 흡입기가 정확한 자리에서 발생하게 된다. 아마도 영원은 개구리의 표면층에, 두 동물에서 같을지도 모르는 위치 신호를 제공하였을 것이다. 즉 진화상 변화해온 것은 신호를 해석하는 방법인 것이다.

지시 혹은 선택

신호들이 세포가 무엇을 해야할지를 진짜로 지시할까? 동전을 넣어 희망하는 곡을 들을 수 있는 노래 반주기를 생각해 보자. 당신이 만일 20개의 노래 중 하나를 선택한다면 당신은 진짜 그 시스템에 지시를 내린 것인가? 아니면 당신은 단지 그 기계의 20가지 레퍼토리 중 하나만을 고른 것인가?

지시란 받는 사람에게 새로운 정보를 주는 것을 뜻한다. 그러면 세포의 신호 지시란, 세포에게 세포도 모르는 것을 말해주는 것일까? 많은 신호들은 단지 스톱(stop)이나 고(go)이다. 스톱 신호는 세포가 발생 경로를 진행시키는 것을 방해하고, 고 신호는 열려 있는 새로운 경로를 따라가도록 안내하는 것이다. 어느 단계에서든지 한 세포에게 열려 있는 선택권은 몇 안 되어서 보통 한두 개뿐이다. 예를 들어 표면층은 층 밑에 있는 유도자에 따라서 여러 가지 다양한 표피구조로 발생할 수 있으나, 근육이나 연골 같은 내부 구조로는 발생할 수 없다. 세포에게 위치 신호 전달은 시스템 내 자기 위치를 알려주기 때문에 안내(guide)라는 생각이 든다.

그러나 세포는 각각의 신호들에 대해서 반응할 수 있고, 또 그 신호를 선택하는 내부 시스템을 이미 가지고 있어야 한다. 모든 신호들은 세포에게 최소한의 정보만을 새로이 제공하고 세포가 가능한 반응만 선택하기 때문에 근본적으로 안내라기보다는 선택의 문제이다. 이는 세포의 내적 프로그램의 중요성을 강조한다.

일단 세포의 행동을 바꾸는 신호들이, 뒤얽힌 정보를 수행하지 않는다는 것이 진짜로 밝혀진다면, 행동의 복잡성은 신호가 복잡하기 때문이 아니라 세포의 반응 능력이 복잡하기 때문이라고 볼 수 있다. 많은 신호들이 단지 스탑과 고 형태이고, 세포의 반응은 이전 경험에 의해서 결정되므로 복잡성이 나타날지도 모른다. 해당 세포의 상태가 특정 신호라기보다는 반응을 결정한다. 이는 앞의 사건에 의존하는 점을 제외하면 신호들이 근본적으로 0이나 1인 컴퓨터의 복잡성과 동일하다.

어쩌면 신호들의 단순성을 강조함에 있어서 너무 동떨어졌을지 모른다. 지금까지 세포 사이의 신호가 모두 알려진 경우는 거의 없지만, 아마도 세포 사이에 작용하는 신호들은 생각보다 훨씬 많을 수도 있다. 앞으로 더 많이 연구하면 밝혀지리라고 믿는다.

단순한 패턴 : 생쥐의 초기 배아

생쥐의 배아 발생은 사람의 발생을 연구하는 데 가장 좋은 실험 모델이 된다. 초기 배아를 배양하여 어미의 자궁에 넣어 정상적으로 발생시키는 것은 가능하다. 포유류 난자의 세포 분열은 분열면이 군대처럼 정확한 하등동물과는 다르다. 생쥐 배아의 세포분열은 훨씬 더 엉성해서 8세포기와 16세포기 사이에 두꺼운 세포층의 표면이 편평해지고, 32세포기에는 내부의 세포들을 둘러싸는 하나의 단일 세포층이 생긴다. 안쪽과 바깥쪽에 있는 두 세포의 그룹은 운명이 전혀 다르다.

즉 바깥쪽에 있는 세포들은 영양배엽(영양아층, trophoblast)을 형성하여 배아가 자궁에 착상하는 태반 형성에 관여한다. 그리고 내부에 있는 세포들——내세포괴(inner cell mass)——중 일부 세포들이 배아를 만들어 낭배가 된다. 즉 포유류의 발생에서 대부분은 배아 자체가 아닌, 배아 외 구조로 모든 세포들을 각각 배분하는 데 전념한다. 우리의 기원은 내세포괴에 있던 소수의 세포들인 것이다.

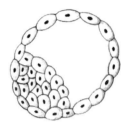

생쥐 발생시 보이는 포배기. 바깥쪽의 영양배엽 세포는 태반으로 발생하고 안쪽의 내세포괴는 배아로 발생하여 개체를 형성한다.

　바로 여기에 어떤 세포들이 영양배가 되고 어떤 세포들이 내세포괴가 될지를 지정하는 패턴화 문제가 있다. 이는 난자 내 저장된 어떤 것에 의해서도 아니고, 처음 두 세포분열에 관한 특이한 그 무엇도 아닌 것임이 확실하다. 지금까지 2세포기나 8세포기의 세포들을 재배열하거나 재조합하여도 항상 정상적인 발생을 일으키는 실험들을 수 없이 많이 해 왔지만 가장 그럴듯한 설명으로, 패턴화는 세포 위치의 차이, 즉 환경차이 때문에 일어난다는 것이다. 결과적으로 안쪽에 있게 되는 세포들은 내세포괴가 되고, 바깥쪽에 있게 되는 세포들은 영양배가 되는 것이다. 이는 세포가 둘 중 어디에 있게 되느냐 하는 기회의 문제인 것이다.

　발생 초기에 내세포괴가 될 세포들은 그들이 뇌가 될지 발가락이 될지 아직 결정되지 않는다. 만일 생쥐의 내세포괴 중 하나의 세포에 표시를 해서 다른 내세포괴로 주사하면 그것이 배아로 발생하여 발생 신호에 반응한다. 그리고 그 표시가 후손들에게도 나타나게 된다면 그들이 근육이나 뼈에서부터 간이나 뇌까지 어떤 조직으로 발생할지를 알아볼 수 있다. 이는 초기 배아가 방해를 받았을 때 조절하는 능력이 탁월하다는 것과 일치한다. 여기서 배아가 이미 낭배기를 형성하기 시작했을 때 약품처리하여 세포의 약 80퍼센트까지를 죽인다고 해도, 배아는 스스로 소설할 수 있어서 아주 정상적인 생쥐로 발생할 수 있다.

좋은 혈통

자연은 생명체를 만들기 위해서 배아를 배열하는 방법이 다양한데 이는 다소 낭비적인 것처럼 보인다. 우리는 유전자 활성, 농도 차이 변화도, 신호, 이동 방법의 패턴에 있어서 통일된 원리를 찾아낼지 모르지만 아직도 설명할 수 없는 무한한 다양성이 많이 있다. 예를 들어 배아의 초기 난할을 생각해 보자. 이는 비교적 간단한 과정으로, 수정란을 다수의 작은 세포들로 나누어 배아가 발생하도록 하는 것이다.

난할 패턴에 왜 방사상과 나선형의 두 가지 종류가 있어야 하는지는 아직도 수수께끼이다. 방사성 난할은 명확하고 알기 쉬운 것으로 성게, 양서류, 일부 무척추 동물에서 일어나는데 여기서 난할면은 서로 직각으로 일어난다. 한편 달팽이, 지렁이, 갑각류 같은 많은 무척추동물은 나선형의 난할이 일어난다. 이때 난할면은 비스듬해서 위에서 보았을 때 세포들은 나선형으로 정렬되어 있다. 덧붙이면 난할 패턴은, 아주 질서정연하지만 복잡하며 낭배가 형성되는 시기에는 나선형 난할.

세포의 수가 적고 패턴이 뚜렷하게 정해져 모든 세포의 계통과 운명을 추적하는 것이 가능하다.

여기서 나선형 난할의 패턴은 기능면에서 이해하기가 힘들지만, 성인형과 관련지을 때 관심을 끄는 예가 하나 있다. 즉 연체류에서 껍질의 감긴 방향은 난할시 나선형 배열과 관계가 있는데, 달팽이에서 나선형 난할이 오른쪽으로 일어난 것은 껍질이 오른쪽으로 감겨 있고 왼쪽으로 일어났던 것은 왼쪽으로 감겨 있다.

나선형 난할은 패턴 지정과 세포 계보의 역할에 있어서 주의를 끌게 한다. 계보 자체가 세포의 운명을 지정할 수도 있다. 즉 한 세포가 분열할 때 딸세포들이 서로 다를 수도 있어 이미 서로 다른 발생 경로를 가도록 장치되어 있다는 것이다. 여기에는 세포 사이의 상호작용이 필요하지 않다. 만일 배아가 아주 뚜렷한 난할 패턴을 갖기 위해 많은 일들을 겪어왔다면, 난할 패턴이 세포의 운명을 결정하는 데 관련되어 있다고 기대하는 것이 타당하다.

일반적으로 그것은 사실이다. 나선형으로 분할하는 성게나 양서류 같은 배아는 다소 조절 능력이 떨어진다. 이들은 세포 사이에 상호

작용이 훨씬 적은 것 같다. 또한 운명이란 위치보다는 가계를, 친구보다는 가족을 더 많이 따르는 것 같다. 이러한 사실은 또 다시 전성설로 돌아가지만 최근의 개념이다. 나선형으로 난할하는 동물 중 가장 많이 밝혀진 것은 예쁜꼬마선충(*Caenorhabditis elegans*)이다.

벌레 이야기

선충류인 예쁜꼬마선충에 대한 집중적인 연구는 분자생물학자인 시드니 브레너(Sydney Brenner)로부터 시작되었다. 1974년에 그 당시까지 연구되고 있던 발생 시스템 중 어느 것도, 그가 발생을 연구하는 데 필요한 것을 충족시키지 못한다고 결정했다. 그는 바로 그때부터 혼자 힘으로 그 특성을 가진 이 작은 선충류를 집중적으로 연구하기 시작했다.

그의 연구 결과 다 자란 성충은 길이가 약 1mm이고, 이들의 체세포는 단지 약 1000개, 그리고 생식세포는 수천 개로 구성되어 있다. 사실 수컷은 정확하게 959개의 체세포로 되어 있고 암컷은 1031개로 되어 있다. 그리고 고등동물처럼 신경관, 근육, 장이 있고 입(머리라고 할 수 없는)의 끝에는 뇌도 있다. 이들은 유전자를 불과 약 3000개를 가지고 있는 점으로 보아, 박테리아보다 약 20배 더 복잡하고 사람보다는 약 40배 덜 복잡하다는 사실이 밝혀졌다. 이는 유전학을 연구하는 데 아주 훌륭한 연구인 것이다.

세포 하나의 완전한 계보는 다음과 같다. 세포 분열의 패턴은 일정

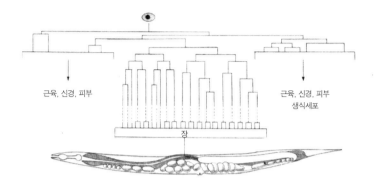

예쁜꼬마선충의 계보.

하다고 밝혀졌고 정상적인 벌레는 정확하게 같은 난할 패턴을 겪어 몸체를 형성하게 된다. 그러나 난이 분할하여 벌레를 만들어내는 세포분열의 복잡한 패턴에 대해 논리적이고 명쾌한 답은 아직 없다. 즉 우리가 논리적이고 만족하다고 여길 만한, 전체적으로 명료한 각본이 없고 기껏해야 우리는 패턴의 한 작은 부분만을 이해하고 있는 것이다.

근육, 피부, 장, 신경 같이 세포들의 모양이 서로 다른 것을 고려해보자. 이 모든 세포들이 하나의 줄기세포에서 유래되었을까? 아니면 모든 근육세포들이 한 개 또는 두 개의 원조 근육세포에서 유래되었을까? 그 대답은 아니올시다이다. 이 세포 모양들은 계보가 전혀 다른 여러 가지 세포에서 유래되었다. 사실 신경세포와 근육세포는 가끔 하나의 공통 모세포에서 유래된 형제일 수도 있다.

벌레의 발생에 대해 생각하는 한 가지 방법은, 디지털 컴퓨터로 상

돌연변이에 의한 세포의 변화.

동성을 그려서 세포 분열시 각 세포들이 그 다음 무엇을 선택할지를 예측하는 것이다. 세포 내 프로그래머는 우리가 생각하는 것과는 다른 논리, 즉 유머감각을 가지고 있다는 사실을 받아들여야 한다. 발견된 돌연변이 중 어떤 것은 여러 방법으로 프로그램을 변경시켰는데, 이 디지털 컴퓨터 영상이 뒷받침되기도 한다. 예를 들어 전형적인 계보에서는 A세포 유형은 B와 C유형을 초래하고, C유형만이 D와 E유형으로 나뉜다. 그러나 돌연변이에서는 B가 Z로 바뀔 수도 있고, 계보를 대칭으로 만들면 B가 D와 E를 만들 수도 있다. 또는 하나의 모세포에 B대신 A로 치환되어 세포 분열과 세포 분화를 반복시킬 수도 있다.

벌레에서 세포 계보를 강조하는 것은 약간 잘못된 것이다. 그 이유는 세포의 행동은 전적으로 세포의 신호가 아닌 계보에 의해서 결정된다는 의미이기 때문이다. 세포 발생의 자율성을 시험하기 위한 시도 중 하나는, 레이저 광선으로 주변 세포들을 죽였을 때 세포에게 어떤 일이 일어나는가를 보는 것이다. 만일 세포 발생이 진실로 자율적이라면 이웃 세포들이 죽어도 아무 영향을 받지 않아야 한다. 그러나 만일 이웃 세포에서 오는 신호에 따른다면 발생은 방해를 받을 것이다.

레이저를 사용하여 이웃 세포들을 죽였을 때 신호 전달이 필요하지 않은 것처럼 정상적으로 발생을 계속했다. 그러나 어떤 경우는 영향을 받아서 한 종류의 세포가 인접해 있는 다른 세포 세 개를 유도하여 고유 경로를 따라 발생되도록 했다. 또한 상호작용이 중앙 세포의 특정한 운명을 지정하기도 한다.

이렇게 벌레 발생에 대한 모든 집중적인 연구에도 불구하고, 아직도 두 딸세포가 왜 다른 경로를 따라 자동적으로 발생하는지는 거의 알려지지 않았다. 환경 신호가 없을 때 세포가 서로 다르게 행동하기 위해서는 몇 인자들이 불균등하게 분포되어 있어야 한다. 그 하나의 가능성은 세포질 내 특수한 인자들이 있어서 세포 분열시 비대칭으로 배분되는 것인데, 아주 초기에 세포질 내 인자들이 난할시 불균등하게 분포된다는 증거가 있다.

극미인은 아니다

만일 난자의 세포질 내에 배아의 후기 형성을 결정하는 패턴 조성물이 잘 정립되어 있다면, 난할은 이 세포질 패턴을 분배하는 방식으로 특정 조성물이 특정 세포로 가도록 한다. 이 조성물들은 세포가 어떻게 발생할지를 결정해준다. 이런 방법으로 알에 있는 기본 패턴이 세포로 변경될 수 있고, 이 경우 세포간의 대화, 농도차이 또는 다른 형성 기작들은 거의 필요없다. 난은 거의 하나의 극미인일 수도

 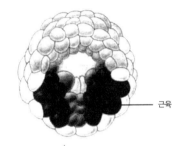

근육

우렁쉥이(미색아문)에서 근육의 발생.

있다. 세포들이 물려받는 것은 세포질이다.

방사성으로 난할이 일어나는 우렁쉥이(미색아문) 알의 발생은 세포질 내에 미리 존재하는 패턴을 보여주는데, 아주 운이 좋게도 어떤 종은 세포질에 색깔이 있어서 알 안에 특정 위치를 알 수 있다. 난할 동안 색이 있는 부분은 특정 세포로만 모여져 비슷한 색이 있는 세포들은 같은 방법으로 분화하게 된다.

즉 근육세포는 난에 존재하는 초승달 모양의 부분으로 노란색 세포질에서 유래되고, 회색 부분에서는 신경계가 유래한다. 근육 발생이 특정 세포질 인자에 따르는 것은 극적이다. 8세포기에 노란 세포질은 한 쌍의 주변세포에게 국한된다. 배아를 쌍쌍으로 나누면 노란색을 가진 쌍만 근육을 만든다. 그러나 조작에 의해서 약간의 노란 세포질을 근육이 될 주변세포로 짜 넣으면 정상적인 발생이 절대 일어나지 않는다.

발생이 세포질 내 위치와 계보를 따른다는 것은 우렁쉥이 발생에 대해서는 잘 설명할 수 있지만 그 개념은 그리 많이 적용되지는 않는다. 세포 사이의 상호 작용이 있어서 어떤 종에서는 노란색 세포질이 없는 세포가 근육을 형성할 수 있다. 그렇더라도 세포질 내 인자의 역할과 세포 계보 역할의 예는 매우 인상적이다.

자율 구성

계보 기작과는 전혀 다르게 패턴을 자발적으로 만드는 기작들이 있다. 영국의 수학자인 알란 튜링(Alan Turing)은 뛰어나고 박식하였다. 그는 컴퓨터 프로그램에 대한 기초 이론을 세웠을 뿐 아니라, 1952년 패턴 형성에 대한 아주 독창적인 논문 한편을 발표했다. 그는 서로 상호 작용하는 화학 물질들의 농도가 처음에는 동일하게 출발했다가, 어떤 시스템이 농도의 차이가 생기게 할 수 있다는 것을 증명하였다.

그는 이를 형태형성인자(morphogen)라고 부르고 형태형성인자의 농도가 파도처럼 정점과 저점을 이루는 것이라고 설명했다. 또한 그 시스템은 스스로 형성되어 패턴은 자발적으로 일어나며, 화학 물질의 농도가 발생계의 패턴을 조절할 것이라고 시사했다. 만일 5개의 정점이 생겼다면, 히드라라면 이것이 촉수로 될 것이고, 사람이라면 손가락으로 될 것이다.

튜링의 모델은 수학적이었다. 그 이후로 실험뿐만 아니라 수학과 함께 화학계에서의 연구가 계속되고 있다. 근본적으로 이는 서로서로 상호 작용하는 확산 물질들을 말한다. 따라서 그 이름을 반응확산

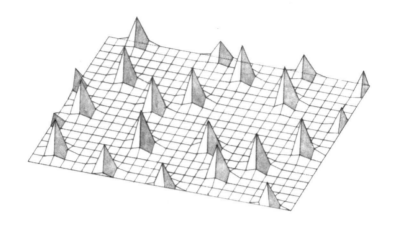

튜링의 수학적 모델(반응-확산 모델). 파도처럼 이동하는 농도의 정점과 저점이 가감되어 패턴을 형성한다.

모델이라 한다. 예를 들어 신속하게 확산하는 억제제나 천천히 확산하는 활성제를 사용할 수 있다. 억제제는 활성제의 생성을 억제하지만 자기의 생성은 활성제에게 의존한다. 또 활성제는 자기 자신의 합성을 자극한다. 그리고 어떤 특이한 조건에서 파도 같은 패턴이 만들어질 것이다.

이를 모방하는 몇 가지의 화학계가 있다. 화학적으로 잘 연구된 복잡한 혼합물에서 벨루소브-자보틴스키(Belousov-Zhabotinsky) 반응이 일어날 수 있다. 즉 반응을 접시에서 일어나게 하면, 자연히 색이 있는 밴드가 복잡한 패턴으로 동심원과 나선형으로 생기며 가끔 점으로 된 패턴도 나타난다.

반응-확산 기작은 형태형성인자 농도의 많은 정점들이 반복적으로 패턴을 만드는 것을 설명할 수 있다. 옥스포드의 수학자인 짐 머레이(Jim Murray)가 보여준 바와 같이, 이 패턴은 얼룩말이나 표범 같은 동물의 표피나 나비 날개의 점들을 닮았다. 반응-확산은 발생 시 일어나는 방법일 것이다. 이런 기작은 경계가 매우 중요하기 때문에 그 반응이 일어나는 시스템의 크기나 모양에 매우 민감하며 점을 만드는 시스템에서는 길고 가는 지역이 줄무늬로 된다. 이는 줄무늬 꼬리가 많은 동물들의 가장 흔한 특징이다.

발생시 반응-확산 기작으로 패턴을 만드는 가장 큰 장점은, 그들이 스스로 만들어져 위치 정보 해독을 요구하는 복잡한 프로그램을 짤 필요 없이 패턴을 만들어간다는 것이다. 또한 농도 구배가 자발적으로 형성된다. 이런 기작은 그럴 듯해 보이지만 불행하게도 이 기작이 서로 연결되어 있다는 직접적인 증거는 아직 매우 빈약하다.

반응-확산 방법으로 형성된 피부의 점들.

깃털의 패턴

새의 깃털보다 더 아름답고 다양한 패턴은 아마도 없을 것이다. 패턴이란 주로 색소를 함유하는 세포들의 분포를 반영하지만, 비둘기 꼬리의 파란색 같이 어떤 색깔은 깃털의 구조가 빛을 반사시켜 생기는 것이다. 색소의 패턴은 신경제(2장)에서 유래된 세포들의 분포에 기인한다. 이렇게 색소를 형성할 수 있는 세포들은 피부 밑으로 이동하여 깃털 모세포 안으로 들어간다.

이 모세포들은 국부적으로 피부에 육각형 모양으로 정렬되어 있는 작은 돌기들이다. 색소를 만들기 위해서 깃털 모세포 안으로 들어가는 세포들이 깃털 모세포에 의해서 조절되는지 아닌지 상관없이, 각각의 깃털은 자신의 위치값(positional value)인 주소를 가지고 있다. 깃털 모세포는 자신의 위치값에 의해서 색소 형성을 자극하기도 하고 억제하기도 하는데, 이런 방법으로 전체 패턴이 지정되는 것이다.

날개에서 색소 형성에 사용되는 위치값은 연골이나 근육, 인대에 사용되는 것과 같다(4장). 이런 방법으로 날개 전체에서 여러 가지 요소들이 서로 상대적으로 정확한 위치에 자리를 잡는 것이다. 보다 보편적으로는 피부에서 위치 영역이 아주 다양한 색소 패턴을 만들어낼 수 있다——즉 거의 숫자들을 칠하는 것과 같다.

각 깃털 내에는 색소의 분포를 결정하는 패턴화가 한번 더 일어난다. 깃털이 자라남에 따라 색소 입자들이 색소 세포로부터 돌출되는데, 돌출 시기의 변화가 줄무늬의 깃털을 만들게 한다. 아직 밝혀지지는 않았지만 카나리아 새의 경우처럼 더 복잡한 과정들이 깃털 내 점들을 만들게 한다.

후성설

아리스토텔레스는 발생 동안 새로운 구조나 형태가 나타나는 것을 묘사하기 위해서 〈후성설〉이란 용어를 만들어냈다. 그러나 이런 관점은 실험에 의한 것이 아니라 그의 직관에 의한 것이었다. 발생이란 매우 역동적인 과정으로 세포들이 되풀이하여 서로 상호 작용하고, 형태와 위치가 변하고, 서로 다르게 되는 것임을 분명히 해야 한다. 발생의 각 단계는 다음 단계가 효과적으로 일어나도록 한다. 예를 들면, 세포 이동은 조직을 나란히 위치시키고 새로운 상호작용을 유발하여 이동을 계속 유도한다. 다른 깃발들도 프랑스 국기 내부에서 일어나는 변화처럼 간주될 수 있고, 주된 축이 만들어진 후에 위치 영역이 새로 확립된다. 이런 식으로 발생은 하나의 사건이 다음 사건을 안내하는 단계라고 여길 수 있다. 이런 연속성이 하나의 세포에만 국한되기도 하나, 때로는 세포군이 그 주변에 막대한 영향을 주기도 한다. 차례차례로 다른 세포들에게 영향을 주는 것이다.

발생계의 공간적인 측면을 고려하느라고 시간적인 측면을 소홀히 취급하였다. 시간에 따른 변화는 공간적인 패턴 형성만큼이나 중요하고 그 과정에 꼭 필요한 한 부분이다. 후성설은 제때에 반드시 일어나야 하는 과정이다. 예를 들어 세포들은 제한된 시간 동안에만 유도된다. 불행하게도 우리는 발생시 공간적인 진행보다 시간적인 진행을 잘 모르고 있다.

4

손가락과 발가락

팔과 다리의 발생은 그 자체로도 매우 중요하지만, 일단 신체 윤곽이 세워지고 난 후에 어떻게 하나의 기관이 발생하는지를 분석하는 데 가장 좋은 모델이 된다.

닭의 배아에서 상박골, 요골, 척골, 손가락 등 초기 사지에 있는 연골 성분들의 패턴뿐 아니라 사지싹(지아, limb bud)은, 실험적으로 조작하기가 아주 용이해서 사람을 연구하는 데 훌륭한 모델이 된다. 여기서 기본적인 패턴은 하나의 주된 성분인 상박골과 이어지는 약간 작은 성분인 두 개의 요골과 척골, 그리고 손목의 작은 구조들과 끝이 손가락으로 되어 있다.

전체적으로 아주 간단하며 다리에도 비슷한 패턴이 있다. 이와는 대조적으로, 심장의 발생은 훨씬 더 복잡해서 관이 접히고 융합되는 일이 복잡하게 일어난다. 물론 처음에 연골로 만들어졌다가 나중에 뼈로 치환되는 사지의 골격구조뿐 아니라, 패턴이 매우 복잡한 근육과 힘줄도 있다.

날개와 다리는 나중에 발생한다. 신체 주축이 잘 진행된 뒤에 체절들로 나뉘어진다. 심장 역시 정상적으로 진행되고 눈의 발달이 현저하다. 전지(forelimb)가 먼저 발생하기 시작한다——배아의 옆구리에서 하나의 작은 융기가 나온다——이는 사지싹의 첫 신호이다. 외세포층으로 되어 있고 특히 끝에는 두둑한 구조를 형성하고(선단돌기; apical ridge), 안쪽에는 활기 없게 보이는 세포들로 느슨하게 뭉쳐 있다.

세포들이 증식하여 싹이 배젓는 노의 형태로 자라난다. 그리고 선단에서 약 2분의 1mm 안쪽에 있는 중앙 세포들이 조밀해지고, 사지 중 첫 번째 성분인 상박골의 연골을 만들기 시작한다. 이렇게 계속된 돌출로 안쪽에 있는 세포에서 요골과 척골이 발생하고 그 다음 손목, 그리고 마지막으로 손가락을 가진 손이 발생한다.

닭의 발생 10일 후에 전지(날개)는 손가락이 세 개인 점만 제외하고는 사람의 팔과 매우 비슷한 패턴을 갖는다. 그러나 세 개의 손가락이 서로 다른 것을 쉽게 관찰할 수 있다. 진화적인 관점에 의하면 작은 앞 손가락은 두 번째 손가락으로, 중앙의 큰 것은 세 번째 손가락으로, 뒤의 중간 크기는 네 번째 손가락으로 명명된다. 즉 진화 과정에서 첫 번째 손가락과 다섯 번째 손가락이 원시 사지에서부터 상실되었다고 가정할 수 있다.

사지 성분들은 패턴 형성에 대한 모델로 위치 정보의 개념에 근거하여 만들어졌다. 즉 사지의 세포들은 각 특정 위치에서 앞으로의 행동을 결정하고, 사지에서의 위치가 시종일관 모든 구조의 패턴을 결

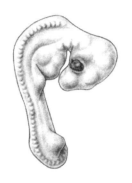

병아리의 배아.

정한다——연골, 근육, 힘줄, 깃털, 신경 등등——사지는 원래 3차원의 구조이지만 여기서는 편의상 2차원적 구조인 것처럼 다루겠다. 즉 두 번째 손가락에서 네 번째 손가락으로 사지를 가로지르는 전-후축과, 어깨에서 손가락 끝으로 이어지는 긴 근-원축 두 개만을 고려할 것이다. 그러면 세포들이 어떻게 위치 정보를 얻게 될까?

닭의 사지싹이 돌출되어 자라는 것은 주로 표피층 내 두툼한 융기 같은 구조 바로 밑에 있는, 사지의 선단에서 일어나는 세포 증식에 기인한다. 이 증식 부위를 진행구역(progress zone)이라고 부른다. 왜냐하면 세포가 자기의 위치값을 얻게 되는 곳이 바로 거기라고 믿기 때문이다. 진행구역의 특성은 덮고 있는 융기에서 나오는 신호로 결정된다. 진행구역에 있는 모든 세포들은 증식하여 위치 신호에 응답할 수 있고, 세포가 그 지역을 떠났을 때만 연골로 분화될 수 있다.

그리고 이미 언급했듯이, 연골 성분들은 근원 순서로 만들어진다——

처음에 상박골, 그 다음 요골과 척골, 그 다음 손목, 마지막으로 손이 만들어진다.

우리 모델에서 진행구역 내 세포들은 두 개의 다른 기작에 의해서 두 축을 따라 위치를 지정받는다. 근·원축에 대해서는, 세포들은 진행구역에서 얼마나 멀리 떨어져 있는가를 측정하여 자기의 위치를 알게 되는 것 같다. 또 전·후축에 대해서는 사지싹의 뒤쪽 가장자리에서 위치 신호가 나온다는 증거가 있다. 먼저 전·후축을 따르는 신호를 고려하고 그 다음 다른(근원)축에 대한 타이밍(timing) 기작을 고려한다.

위치 신호 전달

닭의 사지싹 뒤쪽 가장자리에는 극성화 지역(polarizing region)이라고 알려진 소규모의 세포 집단이 있다. 극성화 지역은 사지싹 내에서는 다른 어떤 세포들과 차이가 없어 보이지만, 그 세포들은 전-후축을 따라 세포의 위치를 지정하는 능력이 있으며, 양서류의 형성체와 비슷한 성질을 갖고 있다. 이를 증명하는 중요한 실험이 하나 있다.

계란 껍질에 구멍을 내고, 뒤쪽 가장자리에서부터 극성화 지역을 포함하여 직육면체 모양으로 세포 덩어리를 조심스럽게 떼어내어, 다른 배아의 사지싹 앞쪽 가장자리로 이식했다. 그리고는 계란 껍질

▶ 극성화 지역을 부가적으로 이식받은 닭의 배아 발생 결과. 원래 날개의 손가락에 부수적인 날개 손가락이 거울상으로 첨가되었다.

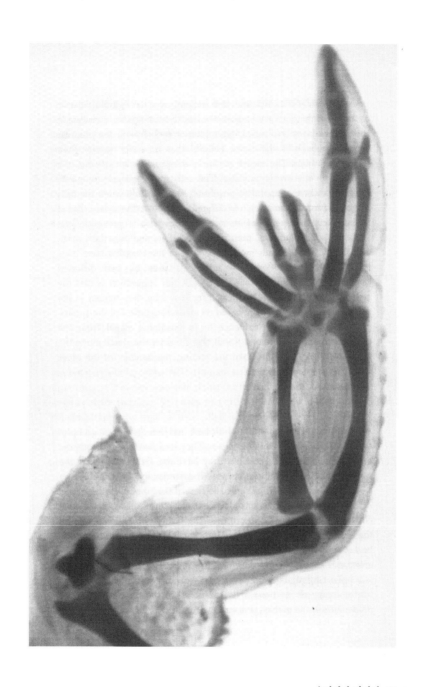

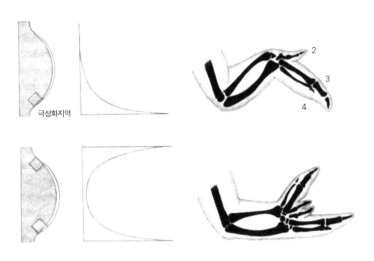

정상적인 닭의 날개 발생(위). 극성화 지역을 부가적으로 이식받은 닭의 날개 발생(아래). 원래 날개의 손가락에 부수적인 날개 손가락이 거울상으로 첨가되었다.

의 구멍을 봉하고 며칠 동안 발생시켰다. 숙주(host) 사지는 두 개의 극성화 지역을 가지고 있어서 두 번째의 부수적인 손가락들이 원래의 것과 거울상(mirror image)으로 발생했다.

원래 패턴인 2,3,4 대신에 4,3,2,2,3,4가 되었는데 앞쪽 가장자리로 극성화 지역을 이식하여 두 가지 일이 일어난 것이다——사지싹이 넓어졌고, 극성화 지역은 사지의 앞부분에 있는 세포들의 위치를 재지정하여 부수적인 손가락을 형성한 것이었다. 이 추가된 손가락들은 이식에서 온 것이 아니라 사지싹의 앞부분에 있는 인접한 세포에서 유래된 것인데, 이 모델은 극성화 지역이 정상적으로 전-후축을 따라 위치 신호를 전달한다고 제안하고 있다. 또한 이 신호는 바로 화학 물질인 형태형성인자의 확산으로, 극성화 지역에서 분비되기 때문에 뒤쪽 가장자리의 농도가 가장 높고, 극성화 지역에서 멀어짐에 따라 감소하며 앞쪽 가장자리에서 가장 낮아진다. 그래서 이 형태형성인자 농도 구배가 세포들의 위치를 결정하는 데 사용된다. 여기서 만일 네 번째 손가락이 고농도에서 발생하고, 세 번째 손가락이 중간 농도에서 그리고 두 번째 손가락은 저농도에서 발생한다면, 정상적인 패턴과 거울상 패턴이 어떻게 생기는지를 알 수 있을 것이다. 그리고 또 다른 극성화 지역을 앞 가장자리에 붙이면, 화학 물질이 두 군데에서 나와 화학 물질의 농도 구배가 U자 모양을 그려 배아의 사지는 4,3,2,2,3,4 패턴으로 된다.

우리는 이 모델에 관한 실험을 고안해냈다. 이는 이식된 극성화 지역에서 나오는 신호를 약화시키는 것이었다. 만일 실제로 형태형성인자 농도 구배가 있다면 농도를 줄임으로써 신호를 약화시키는 것이 가능해야 한다. 만일 그렇다면 앞쪽 가장자리에 4,3,2 손가락이 부수적으로 붙는 대신 3,2 손가락 또는 2 손가락만이 발생해야 한다.

이것은 정확하게 발견되었다. 우리는 여러 가지 방법으로 신호를 약화시켰다. 그 중 하나는 앞쪽 가장자리로 옮기기 전에 극성화 지역의 세포들을 강도가 센 X선(X-ray)으로 손상시키는 것이었는데, X선의 세기가 증가함에 따라 첨가될 손가락이 4,3,2에서 3,2로 또는 2로 바뀌었다. 또 다른 방법은 극성화 지역 세포들을 점점 적게 이식시키는 것으로 그 결과도 같았다.

여기서 가장 큰 의문점은 형태형성인자의 본성이다. 발생을 조절하는 데 형태형성인자의 농도 구배가 중요하다는 생각은 매우 구식이고, 형태형성인자를 밝히려는 시도는 모두 예외 없이 실패했다. 이는 찾는 것이 무엇인지 모르는 상태이고 또한 그 모양도 미미할 수 있기 때문에 기술적으로 매우 어려운 문제이다.

우리는 먼저 직접적인 시도를 했다. 우리는 극성화 지역 세포들을 갈아서 그 혼합물을 한천 조각에 넣고 그 다음에 앞쪽 가장자리에 이식했다. 혼합물 내 형태형성인자가 천천히 흘러나와 새로운 손가락들을 지정하리라고 기대한 것이다. 만일 이것이 일어난다면 우리는 혼합물에서 형태 형성인자를 분리, 정제할 수 있으리라 기대했다. 그러나 우리는 운이 없었다. 그래서 우리는 복권 추첨 방법을 적용하여 다양한 순수 화학물질들을 시도했다.

만일 한 사람이 복권을 한 장 가지고 있다면 추첨될 확률은 적지만 영(zero)보다는 크다는 근거에서였다. 만일 복권을 한 장도 가지고 있지 않다면 그 사람의 확률은 영이다. 그러므로 실험실원 모두가 자기가 좋아하는 물질로 실험해 보라고 권하였다. 이 방법을 사용하여 우리는 신호 물질을 발견할 수도 있으리라 믿었다. 믿을 만한 화학 원리에 근거하여 비타민 A 유도체인 레티노산(retinoic acid)을 시도했더라면 매우 좋았을 것이다.

나는 마침 한 학회에서 어떤 친구를 만났는데, 그가 나에게 레티노산이 세포간 대화에 영향을 준다고 말해주었기 때문에 이것을 써보았다. 게다가 레티노산은 물에 불용성이라 우리가 사지로 이식한 곳에 한동안 남아 있었다.

우리는 이미 이식받은 극성화 지역이 효과를 발휘하기 위해서는 12시간 이상 걸린다는 것을 알고 있었기 때문에 이는 매우 중요했다. 놀랍고 신기하게도, 이는 신호를 전달하는 효과를 흉내냈다. 만일 하나의 작은 특수 구슬을 레티노산에 적셔서 앞쪽 가장자리에 이식하면 거울상의 사지가 4,3,2,2,3,4로 발생했다. 그 다음 우리가 신호를 약화시켰던 것처럼 극성화 지역에 레티노산의 농도를 줄이면 3,2,2,3,4,로 되었다가 2,2,3,4로 되고 2,3,4,로 끝을 냈다.

그러나 불행하게도 이 결과는 레티노산이 신호임을 증명하지 못한다. 이는 단지 진짜 신호를 흉내낼 뿐일 수도 있다. 그러나 현재 다른 사람들은 이 레티노산이 사지에 존재하며, 농도가 제 방향으로 차이난다는 것을 증명하였다. 게다가 진행 구역의 세포에 레티노산의 수용체가 존재한다는 것이 판명되었다. 이 모든 연구에서 레티노산이 신호 물질이라는 쪽으로 기울고 있지만 그 증거는 아직 분명하지 않다.

신호의 최종 본성이 뭐라고 밝혀지든 또 다른 의문이 남아 있다. 닭의 신호 물질이 척추동물과 어느 정도로 같을까? 그 신호와 그 구성물이 얼마나 보존되어 있을까? 만일 생쥐의 사지싹 뒤쪽 가장자리에서 조직 단편을 꺼내 닭의 사지싹의 앞쪽 부위로 이식하면 부수적 손가락을 더 만들게 할 수 있지만, 그 손가락은 물론 닭의 손가락이다. 다른 연구자들은 유산된 사람의 배아에서 극성화 부분을 닭에게 이식하여 비슷한 결과를 얻어냈다. 이 신호가 고등 척추동물 모두 같은 것은 분명하다. 그러나 진화상 변해온 것은 그에 대한 반응이다. 새나 쥐, 사람의 손가락을 다르게 만드는 것은 바로 그 반응인 것이다.

위치와 시간

어깨에서 손가락으로 가는 긴 축인 근-원축에 대해서 위치 정보를 지정하는 기작은 다소 다르다. 이는 시간에 따른 기작이다. 진행구역에 있는 세포들은 그들이 진행 구역으로부터 얼마나 멀리 있는지를 측정할 능력이 있어, 근-원축을 따라서 자기의 위치를 알 수 있는 것처럼 보인다.

진행구역 끝에 있는 모든 세포들은, 증식하여 사지싹이 자람에 따라 끊임없이 진행구역을 떠나게 되고 세포들의 흔적만 남게 된다. 처음에 떠나는 세포들이 상박골 같은 내부 구조를 형성하는 반면, 진행구역에 가장 오래 남아 있는 세포들은 손가락의 끝이 된다. 만일 세포가 시계를 가지고 있어서 세포가 그 지대를 떠날 때 멈춘다면, 그 시계의 시간이 축에 대한 위치를 알려주게 될 것이고, 시계가 오래 작동하면 할수록 세포의 위치는 점점 더 멀어진다.

사지싹의 끝에서 두꺼워진 융기를 제거시키면, 사지가 잘라지는 것은 바로 이 기작으로 설명할 수 있다. 진행구역의 존재는 융기에서 나오는 신호에 따르므로, 그 융기를 제거하면 진행구역이 사라지게 되어 세포에 있는 시계가 영원히 멈추게 된다. 그리고는 거리가 먼 위치에 해당하는 구조들이 더 이상 만들어질 수 없게 된다. 그래서 매우 초기 사지싹에서 융기를 제거하면 단지 상박골만 발생할 것이고, 나중 단계에 제거하면 요골, 척골과 손목은 발생하지만 손가락은 없어진다. 어떤 사지 기형이 잘리는 것과 관련이 있다면, 이는 융기가 망가져 진행구역이 상실되었기 때문이라고 확신할 수 있다.

사지싹을 제거시키는 시간에 따른 발생 결과.

우리는 타이밍(timing) 기작을 지지할 적당한 근거는 없다. 그러나 그 모델은 진행구역 내 증식을 막거나 세포들을 죽이는 실험과 일치한다. 세포들이 정상보다 더 오래 진행구역 내에 머무르면 아주 적은 수의 세포들이 진행구역을 떠난다. 이는 시간이 지남에 따라 진행구역에서 세포 증식이 다시 정상적으로 일어나서, 몸통에 가까운 구조는 없게 되고 먼 구조는 극히 정상적이 된다. 만일 생쥐나 닭의 사지싹 내 진행구역에 있는 세포들이 손상을 입게 되면 손이 어깨에 붙도록 발생되는데, 이는 탈리도마이드(thalidomide, 일종의 수면제)의 효과를 이해하는 더 좋은 근거가 된다.

탈리도마이드는 근심거리를 진정시켜주고 임신부가 아침에 느끼는 메스꺼움을 극복시켜주는 약으로 1958년부터 시판되기 시작했다. 1961년 디스타발(Distaval)이란 이름으로 시판되었고 한 광고에서는 임신부에게 완전히 안전하다고까지 했다. 그러나 호주의 소아과 의사인 윌리엄 맥브라이드(William MacBride)는 탈리도마이드의 위험성을 처음으로 경고한 사람이었다.

그는 우연히 임신 중 이 약을 복용한 엄마의 아기들에게서 심각한 기형을 발견했다. 이 약은 결국 판매 금지되었지만 오늘날에도 약 300명의 그 영향을 받았던 젊은이가 살고 있다. 이들 중 4분의 3이 사지 기형이어서 팔과 다리가 짧거나 심지어는 모두 없는 이들도 있고 어떤 사람은 어깨에 작은 손이 달려 있기도 하다.

탈리도마이드가 어떻게 이런 기형을 일으키는지는 아무도 모른다. 임신부에게 이 효과를 일으키는 양은 극히 적은 양이었다. 많은 연구자들이 다른 동물에서도 같은 결과를 얻으려고 시도했지만 실패했다. 그러나 원숭이에게서는 비슷한 기형을 일으켰다. 그 결과 이 약이 사지에 있는 혈관을 새도록 하여 그 주변 세포들을 심각하게 손상시킨다는 증거를 밝혀냈다. 우리가 이미 보았듯이, 초기 싹의 진행구역이 손상을 입으면 세포들이 몸통에 가까운 구조를 없어지게 하는 것이다. 즉 우리의 모델이 탈리도마이드가 작용하는 방법에 실마리를 주는 것이다. 이는 사람에서 탈리도마이드의 영향을 받아 어깨에 손이 달리게 된 경우와 닭의 배아에서 진행구역 세포가 손상되어 발생한 날개의 경우는 같은 것이다.

팔과 다리

많은 동물의 팔과 다리는 아주 비슷하기도 하지만 다르기도 하다. 그것들의 구성 요소들은 아주 비슷하다——상박골은 대퇴골과 유사하고 손가락은 발가락과 유사하다. 그러나 자세한 형태는 명백히 전혀 다르다. 그래서 사실상 발생 기작과 신호가 팔과 다리에서 동일하다는 것은 그리 놀라운 일이 아니다. 예를 들어, 다리에서 온 극성화 지역은 여분의 손가락을 만들고, 다리에 날개 극성화 지역를 이식하면 여분의 발가락을 만든다. 이렇게 팔과 다리의 차이는 세포들이 같은 위치 신호를 다르게 해독하는 데 있다.

정상적으로는 대퇴골을 발생시킬 다리 싹의 몸통쪽 부분 조직을 초기에 날개 싹의 진행구역으로 이식하는 실험에서, 신호는 유사하지만 반응이 다르다는 것을 잘 설명해 준다. 그리고는 이식된 부분은 이제 발가락으로 발생된다. 몸통쪽 성질을 갖던 이식된 부분은 다시 진행구역에 있게 되어 더 멀리 떨어진 위치값을 얻게 된다. 그들이 다리와 같은 성질을 보유하고 있기 때문에, 또 그들의 위치값이 근거리에서 원거리로 변경되었기 때문에 발가락이 형성된 것이다.

팔과 다리가 위치 신호를 다르게 해독하는 것은, 발생의 체험이 다르기 때문이며 신체 주축에 따라 각기 다른 수준에서 팔과 다리 싹이 생기기 때문이다. 이 축에 따른 위치가 위치 신호를 해독하는 세포 내 프로그램을 변경시켜 각각 팔과 다리를 서로 다르게 만드는 것이다. 전지와 후지에서, 유전자가 작동하여 패턴을 서로 다르게 조절한다고 가정할 수 있지만 여전히 풀어야 할 숙제이다. 그러나 곤충의 발생에서는 이런 기작에 대한 좋은 증거가 있다(7장).

전패턴과 여섯 번째 손가락

척추동물의 사지는 서로 매우 다르다. 깃가지를 지탱하는 날개를 갖는 박쥐의 사지와 말의 구조——손가락 하나를 제외하고 모두 없어진——를 비교해 보자. 다수의 척추동물의 전지는 기본구조가 비

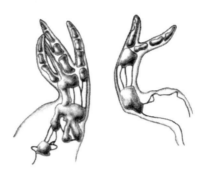

사지싹의 바깥층 세포를 변형시킨 결과.

슷하다. 하나의 성분인 상박골과 두 개의 성분인 요골과 척골, 그리고 세 개 이상인 손목과 손가락들이다. 이들은 패턴들이 일치하기 때문에, 첫 번째는 한 개 성분, 그 다음 두 번째는 두 개 성분, 그 다음 세 번째는 세 개 성분 등등을 만들어가는 일종의 기본 기작이 있다는 개념을 떨쳐버리기는 어렵다.

저자는 발생학에 있어서 최종 형태로부터 발생 기작을 추론해서는 안 된다는 것을 주요한 규율로 여기는 만큼, 독자들도 이 유혹을 반드시 떨쳐버려야 한다. 그러나 아마도 그 패턴이 두루 널리 퍼지고 상당히 매력적이기 때문에 이런 권고는 무시될 수도 있다. 더욱이 반대되는 예가 없다. 두 성분으로 시작하여 단일 성분이 뒤따라 만들어지는 사지는 없다. 더 중요한 것은 이런 기본 패턴을 형성하는 기작과 위치 정보를 필요로 하지 않는 기작에 대한 실험적 증거가 있다.

한 결정적인 실험은 초기 사지싹을 택하여 덮고 있는 바깥층을 제거하고, 세포를 분리한 후 뒤섞는 것이다. 그 다음 다시 바깥층에 집어넣고 다른 배아의 옆구리에 이식한다. 재조합된 세포를 포함하는 이런 싹은 정상적으로 발생하지는 않지만, 연결된 연골 성분은 형성할 수 있어서 때로는 아주 그럴 듯한 손가락 같은 구조를 만들기도 한다.

전-후축을 따라 위치를 지정할 신호전달 지역이 없기 때문에 섞어진 모든 세포들은 스스로 조직을 형성할 능력이 있음에 틀림이 없다. 바깥층은 끝에 두꺼워진 융기가 있으므로 진행구역도 있다. 그렇더라도 막대 같은 연골 성분을 스스로 형성하는 능력은 매우 인상적이다. 흩어졌다가 재조합된 싹이 사지 같은 구조를 형성하는 기작은, 앞장에서 서술한 것처럼 튜링이 고안한 확산–반응 기작과 관계 있을지도 모른다. 그런 기작은 연골 성분들의 기본 전패턴(prepattern)을 정립하면서 정상적인 사지 발생에 있어서 역할을 할 수 있다.

즉 처음에 하나의 성분, 그 다음 두 개 성분, 그 다음 세 개 성분 등등. 반응–확산은 일련의 화학적 물결로써, 처음에 하나의 정점이 있는 물결을 만들고, 그 다음 두 개의 정점이 있는 물결을, 또 그 다음 세 개의 정점이 있는 물결을 만든다. 만일 연골이 정점이 있는 곳에서만 만들어진다면 하나의 기본적인 패턴이 세워져 상박골, 요골, 척골, 손목, 손의 특징적인 패턴들을 부여하는 위치 정보에 의해서 변형될 수 있다.

이런 모델은 육손의 원인을 잘 설명해 준다. 정상적으로는 손가락이 형성되는 다섯 개의 정점이 있을 것이나, 사지싹이 사고로 정상보다 넓어지면 여섯 번째 정점이 형성될 수 있어 여섯 번째 손가락이 만들어진다. 정점의 수가 그 시스템의 크기에 의존한다는 것이다. 물결을 만드는 기작의 특징으로 조금만 넓어져도 또 하나의 정점이 더 형성되기 때문이다. 스스로 형성되는 기작의 가능성은 매력적이긴 하나 현재 그 증거는 미약하다.

근육과 힘줄

결론적으로 사지의 뼈가 될 연골성 성분은 단지 그 구조 성분 중한 가지이다. 근육과 힘줄은 아주 중요하며 훨씬 더 복잡한 패턴을 형성한다. 닭의 사지에는 30개 이상의 근육이 있어 한쪽은 연골에 붙고 다른 한쪽은 힘줄에 붙는다. 힘줄은 차례로 근육의 힘을 사지 골격의 다른 쪽으로 옮겨주는 전깃줄 같은 것이다. 그들은 또한 사지의 특정 부위에 붙게 되며, 닭의 사지에서 근육과 힘줄의 패턴은 둘다 연골에서와 같이 위치 신호에 반응한다. 그리고 극성화 지역이 사지싹의 앞쪽 가장자리에 이식되었을 때, 거울상을 형성하는 연골성 성분이 복제될 뿐 아니라 근육과 힘줄도 복제된다. 즉 사지에서 모든 구조를 특정화 하는 데는 같은 위치 정보가 사용된다.

손가락을 움직이는 근육은 손가락 자체와는 아주 멀리 떨어져 있다는 것이 척추동물의 특징이다. 만일 독자가 사람의 팔을 해부하여 본다면, 손가락에 붙어 있는 줄 같은 힘줄들이 멀리서 근육과 연결되어 있는 것을 볼 수 있을 것이다. 그것은 마치 꼭두각시 인형 마리오넷이 줄에 의해 조절되는 것과 같이 근육이 손가락을 조절한다. 이는 골격 성분, 힘줄, 근육 사이에 어떤 기본적인 기능 관계가 있지만, 초

닭의 날개에서 보이는 근육.

기 발생이 비슷하게 연관되어 있지는 않다.

닭의 사지의 각 성분들은 놀랍게도 초기 자율 감각성을 보여준다. 이들 각각은 독립적으로 특수화되어 초기에는 미래의 자기 주변이나 이웃이 될 것들과 독립적으로 발생하는 것처럼 보인다. 한쪽 끝은 심지굴근(깊은손가락굽힘근, flexor digitorium profundus)이란 근육에 부착되어 있고, 다른 쪽 끝은 3번 손가락에 부착되어 있는 긴 힘줄을 생각해 보자. 그 명칭에 내포되었듯이 그 근육은 수축할 때 손가락을 구부린다. 힘줄의 발생은 근육에 어느 정도로 의존할까?

사지싹의 끝을 배아의 옆구리로 이식하여 실험하였다. 그 끝은 손으로 발생하였지만 모든 몸통쪽 구조는 없었다. 그래서 손에 몸통 쪽 근육이 없다. 그러나 붙은 근육이 없음에도 불구하고 힘줄은 자기가 있을 곳에서 발생되었다. 이는 전형적인 결과로 힘줄처럼 근육의 초기 발생은 매우 자율적이다. 둘의 초기 발생은 사지 내 그들의 위치에 의해서 조절된다. 그러나 근육과 힘줄은 이웃의 성분이 무엇이든

지간에 서로 합류하는 어떤 기작이 있다. 이러한 관점에서 그들은 매우 뒤죽박죽이고 비선택적이어서 힘줄은 자기 끝에 오는 어떤 근육하고도 합류한다.

자율성과 관련하여 〈초기〉라는 사실은 매우 중요하다. 왜냐하면 근육이나 힘줄의 후기 발생은 자율적이 아니기 때문이다. 만약 3번 손가락에 붙는 긴 힘줄이 근육에 붙지 않더라도 초기에는 발생하게 되지만, 결국 남아 있지 않게 될 것이다. 힘줄이 팽팽하게 이끌리지 않는다면 사라질 것이다. 마찬가지로 근육도 힘줄과 뼈에 붙지 않는다면, 길이 방향으로 자라지 않는다. 이는 뼈가 길어짐에 따라 근육이 신장되기 때문이다. 사지 성분들의 후기 성장은 추진력 있는 기계적인 상호 작용에 의해서 통합되며 근육이 자기가 붙을 뼈에 맞는 길이를 갖게 한다(10장).

작은 세포군들에서 모든 시스템의 패턴화가 일어나는데 시스템의 최대 크기는 1mm를 넘지 않는다. 사지도 예외는 아니어서 매우 작은 규모로 일어난다. 이러한 기본적인 패턴의 성장이 성숙한 사지를 만드는 데 꼭 필요하다. 뼈의 성장 특징은 패턴이 지정되고 성분들이 매우 작을 때 만들어지며, 이런 초기 지정화가 여러 해 동안 성장을 조절한다(10장).

세포의 죽음

세포의 죽음은 사지 발생의 정상적인 특징으로 사지의 형태를 만들어가는 것을 돕는다. 예를 들어, 생쥐와 사람의 손가락은 처음에는

닭의 다리 발생시에 보이는 세포 죽음(자연사). 검은 부분이 죽은 세포를 나타낸다.

모두 붙어 있다가 손가락 사이의 세포들이 죽음으로써 손가락들이 분리된다. 세포가 죽는 것은 아프거나 비정상인 게 아니라 이미 짜여진 발생 프로그램의 일부분인 것이다. 원칙적으로 연골의 분화와 차이가 없으며, 닭에서 세포의 죽음은 후기 싹의 앞뒤 가장자리에서 일어나 전체적인 형태를 잡도록 돕는다.

1968년 미국 배아학자인 존 샌더스(John Sanders)는 이런 세포의 죽음이 초기에 프로그램으로 짜여진 것인지, 아니면 주변 세포들과 상호작용에 의한 것인지를 알아내려 했다. 그래서 닭 사지싹에서 죽게 되어 있는 가장자리의 조직을 떼어 다른 부분에 이식한 뒤 세포가 죽지 않고 살게 되는지를 관찰했다.

결과는 애매모호했지만 놀랍게도 그 조직을 앞쪽 가장자리로 이식했을 때는 사지의 발생이 극적으로 변하는 것을 발견했다. 그것은 하나의 완전한 손가락 세트로 발생했던 것이다. 즉 그는 극성화 지역을 발견한 것이었다. 하지만 현재는 극성화 지역의 신호 성질이 분리 과정인 세포의 죽음과 전혀 관계가 없다고 밝혀졌다.

기능의 다양성

사람, 개, 박쥐, 말 등 여러 척추동물의 사지는, 구성 성분이 증가하여 기본적으로 기능이 변화되었다. 먼저 어깨에서 손으로 진행되고 상박골에서 다섯 개의 손가락으로 진행되는 것이다. 이런 기본적인 패턴은 진화상 변형되어 전혀 다른 기능을 가진 사지를 만들게 되었다. 박쥐에서 다섯 개의 손가락은 비상을 위한 갈퀴를 지탱하도록 길게 프로그램되었다. 말에서는 발가락이 점차적으로 감소되어, 단지 중심의 장골만이 짐을 운반하고 그 주변에 있었던 두 개의 발가락은 흔적 부위인 지골로 남아 있다. 가축은 두 개의 발가락으로 짐을 나르도록 서로 융합되었다. 고래의 경우는 손가락이 더 길고 뒤 사지는 없어졌다. 이는 사지의 여러 요소들이 각각의 위치 특성이 있어

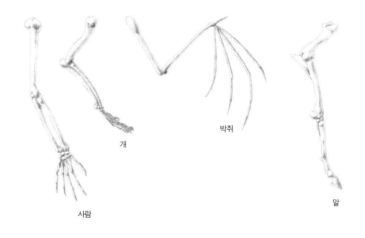

박쥐

개

사람

말

포유동물의 전지.

서, 진화상 독립적으로 모양이나 패턴이 변형되었기 때문이다. 즉 유전자가 어떻게 이런 변화를 조절하는지가 바로 중심 과제인 것이다.

이 변화는 사지 발생 동안 신호가 바뀌기 때문이 아니라, 세포의 반응이 바뀌기 때문인데 유전자상의 어떤 변화가 유전 프로그램을 바꾸는 것이다. 예를 들어 사지가 없는 도마뱀이나 뱀은 사지싹이 발생은 하지만 선단의 융기가 죽음으로써 사지 발생이 멈추게 된다.

세포의 프로그램

사지의 발생에 대해 제안된 모델들은, 단순한 신호에 대한 세포들의 반응에 중점을 둔다. 사지싹 내의 세포들은 자기들이 앞 사지가 될지 뒤 사지가 될지를 기록해야 하고 자기의 프로그램을 바꿔야 한다. 또한 사지 내 자기의 위치를 기록해야 하는데 이는 형태형성인자의 농도와 시간을 모두 정확하게 측정해야 한다는 것을 뜻한다.

다시 말해서 유전적 프로그램에 따라 자신의 위치를 해독해야 하고, 이 모든 과정들은 유전자에 의해서 조절되는데 이는 앞으로 밝혀져야 할 것이다. 이런 유전자들은 기형적인 사지 발생을 초래하는 생쥐의 많은 돌연변이에서 발견되었다. 이런 기형에는 사지가 전혀 없는 것에서부터 손가락이 하나 더 붙거나 덜 붙는 것 등을 말한다.

최근에 사지 발생에서 세포들의 위치가 어떻게 기록되는지를 보여주는 연구가 처음으로 수행되었다. 배아를 패턴화하는 데 한 세트의 유전자가 관련되어 있고, 이를 호메오박스(homeobox, 7장) 유전자라고 하였다. 이 유전자는 위치 정보를 암호화하며 사지싹 발생시 발현

된다고 추정된다. 예를 들어, 극성화 지역에서 훨씬 멀리 떨어진 세포도 동렬(homeo) 유전자들이 연속적으로 활성을 띤다. 이런 관찰은 적어도 위치 정보에 대한 분자적 근거를 주는 실마리가 될 것이다.

사지 발생 농안 세포가 무엇을 하는지를 이해함으로써 유선사가 어떻게 이런 활성을 조절하는지 의문을 가질 수 있다. 즉 세포를 더 세밀하게 관찰하고, 그 내부 프로그램을 이해하고, 어떻게 외부의 신호에 반응하는지를 조사하는 것이 필요하다. 그리고 보기에 따라서는 세포가 배아보다 훨씬 더 복잡하다는 증거가 될 수도 있을 것이다.

5

DNA 총칙

〈모든 것은 알로부터 EX OVO OMNIA〉는 1651년 윌리엄 하비의 책 속표지에 있었다. 하지만 정확히 말해 발생이란 DNA에 의존하기 때문에 DNA 총칙(모든 것은 DNA로부터, Ex DNA omnia)이 더 적당하다. 유전자는 간단하고도 복잡하며, 수동적이고도 능동적인, 실로 마술적인 분자인 DNA로 되어 있다. 또한 유전정보를 갖고 있는 것은 DNA 자체이다.

그러나 DNA는 발생을 조절하지만 오히려 수동적인 분자이다. 세포의 진짜 마술은 매우 능동적인 단백질들이다. 즉 DNA의 힘이란 세포 내 모든 단백질을 만들도록 안내하고 그 합성을 조절하는 프로그램이라는 것이다.

DNA는 매우 긴 끈 같은 분자로서, 세포의 핵 안에 염색체 형태로 특수 단백질과 결합되어 있는데 분자가 매우 길어서 염색체 내의 DNA는 접히고 꼬여져 있다. 그렇더라도 염색체 자체는 길고 가늘어

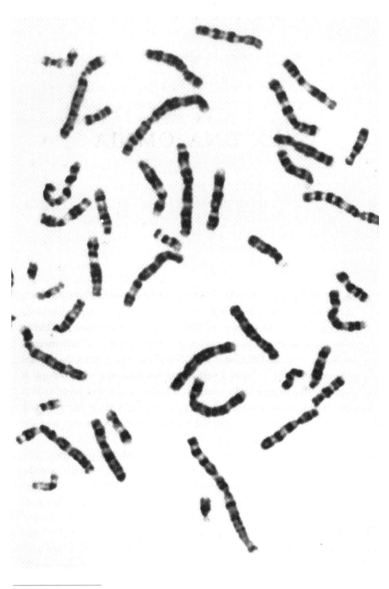

사람의 염색체.

서 광학 현미경으로는 잘 볼 수 없다. 그러나 세포가 분열할 때 염색체는 응축되어 보기가 쉬워진다(이렇게 되면 각 딸세포에게 분배되기가 더 쉬워진다). 사람은 아버지로부터 23개의 염색체와 어머니로부터 23개의 염색체를 물려받아 46개의 염색체로 구성되어 있으며, 각각은 서로 파트너와 짝지어진다. 각 염색체는 단 하나의 DNA 분자로 구성되어 있어서 사람의 수정란과 모든 신체 세포는 정확히 46개의 DNA 분자가 있다.

DNA 분자는 4개의 염기성 단위(nucleotide, 핵산)가 연속으로 꿰어져 있으며 각 DNA 분자는 두 가닥의 핵산이 서로 꼬여 이중 나선으로 되어 있다. 여기서 핵산 한 가닥은 다른 가닥과 짝을 이루고 있고, 핵산의 순서가 단백질을 만드는 정보를 제공한다. 한 종류의 단백질을 만들어내는 DNA가 바로 하나의 유전자이다.

염색체의 구조와 텔로미어 위치. 염색체는 DNA이중나선과 단백질(히스톤)이 결합된 구조를 이룬다. 텔로미어란 염색체의 끝에서, 염기 서열이 같은 DNA 조각이 반복되는 부위를 말한다. 나이가 들수록 텔로미어의 길이가 짧아진다.

단백질의 다양성과 서열

　세포의 특성은 자기가 갖고 있는 단백질에 의해서 좌우되며, 단백질은 세포 내에서 아주 다양한 기능을 발휘하는 능력이 있다. 그리고 세포 내 기본적인 수천 개의 모든 화학 반응은 이 반응들을 일으킬 수 있는 효소들에 따른다(에너지의 전환, 새로운 분자 조립, 분자 파괴).

　모든 효소는 단백질이다. 또한 단백질은 근육의 운동이나 신경에 의한 신호 전달 등의 구조적 기초가 되고 피부와 힘줄을 강하게 한다. 적혈구는 헤모글로빈 단백질을 가지고 있기 때문에 산소를 운반할 수 있고, 근육은 액틴과 미오신 단백질 때문에 수축할 수 있다. 피부 세포는 케라틴 때문에 뻣뻣하고, 힘줄은 콜라겐이란 단백질로 만들어져 있다.

　사람의 신체에는 많은 종류의 세포들이 있다.——간세포, 적혈구, 신경세포, 피부세포 등——이들 중 어떤 것은 확실하게 다르나 어떤 것들은 서로 비슷하다. 여기서 만일 세포를 확인하기 원한다면 물어야 할 중요한 질문은 〈어떤 종류의 특수(luxury) 단백질을 가지고 있느냐?〉 하는 것이다. 질문에 대한 대답이 〈헤모글로빈〉이라면 적혈구 세포로 처리할 수 있다.

　또한 알부민은 간세포임을 나타내고, 인슐린은 췌장 세포임을 나타낸다. 이들을 〈특수〉 단백질이라고 부르는 이유는, 이 단백질들은 그 세포의 특징이기 때문이다. 필수(housekeeping) 단백질은 대부분의 세포에 공통으로 있어, 대부분의 세포들이 필요한 모든 기본적인 기능(에너지 생성)을 수행하는 데 필요하다. 필수 단백질은 특수 단백질만큼 세포에게 중요하지만 세포의 개성을 표시하지 않아서 발생과정에서 덜 흥미롭다.

단백질은 본질적으로 아미노산이라고 불리는 단위로 이루어진 긴 가닥이다. 여기에는 20가지의 아미노산이 있어 그 아미노산의 순서가 단백질의 성질을 결정하고, 한 단백질에서 그 순서는 항상 같다. 이러한 아미노산의 순서가 단백질 가닥이 어떻게 접힐 것인가를 결정한다. 힘줄의 콜라겐 같은 어떤 단백질은 길고 가늘며 밧줄 같은 구조를 가지고 있고, 효소로 작용하는 어떤 단백질은 다른 분자에 붙을 수 있도록 복잡한 모양으로 접혀져 있다.

단백질을 위한 DNA 코드

DNA는 단백질 내에 있는 아미노산 순서를 결정한다. DNA 분자는 4종류의 핵산으로 구성되어 있고, 그 핵산의 순서는 하나의 유전자를 구성하여 20종류의 아미노산 순서를 코드화한다. 이 코드는 세 개의 핵산이 단위로 된(triplet, 3염기조) 형으로 각각의 아미노산을 형성하도록 여러 가지로 조합된 것이다. 그래서 수천 개의 핵산으로 된 유전자에서 핵산의 순서를 알면 단백질 내 아미노산의 순서를 알아낼 수 있다.

DNA는 핵 안에만 있고, 단백질 합성은 세포질에서 일어난다. 특정 단백질을 만드는 코드는 처음에 전사(transcription)라고 알려진 과정에 의해서, 전령 RNA(mRNA)로 복제되는데 이것은 DNA에 상보적인 분자이다. 이 mRNA도 역시 4개의 핵산으로 만들어져 있다. 그

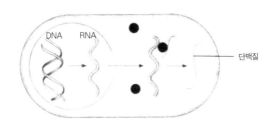

 없음

세포에서 단백질 합성 과정.

다음 이 mRNA는 단백질이 합성되는 세포질로 이동한다.

핵 안의 DNA는 모든 종류의 단백질을 만드는 지시를 가지고 있는 거대한 참고 도서관으로 비유할 수 있다. 우리의 몸에는 약 5만 가지의 단백질이 있다. 여기서 DNA는 모든 단백질을 만드는 지시를 내릴 뿐만 아니라 어느 단백질이 언제 어디서 만들어질지를 조절하는 데 관여한다. 즉 특정 단백질이 선택되고 읽히도록 지시를 내리기 위해서 무엇을 해야하는지를 말해주는 〈도서관 규칙〉이 DNA 내에 포함되어 있는 것이다. 바로 이런 규칙들이 발생에 대한 유전 프로그램의 핵심이다.

돌연변이

유전자에서는 DNA의 핵산 서열상의 변화가 돌연변이이다. 이는 DNA의 한 부분이 소실되거나, 4종류의 핵산 중 한 개 이상이 서로 다른 핵산으로 치환될 때 일어난다. 또 다른 원인은 완전한 DNA 부분이 한곳에서 다른 곳으로 위치를 이동하는 경우이거나, 바이러스에서 온 외부 DNA가 삽입되는 경우이다. 이러한 경우에 핵산의 정상적인 서열이 변경되어, 그 결과로 기형적 발생이 야기될 수 있다. 즉 한 단백질이 정확한 시기에 정확한 장소에서 만들어지지 않거나, 혹은 그 단백질에 결점이 있거나, 너무 많이 또는 너무 적게 만들어진다면 기형적 발생이 일어날 수 있다. 이렇게 발생을 변경시키는 돌연변이의 좋은 예 중 하나는 선천성 유전 결함인 겸상적혈구 빈혈증(sickle cell anemia)으로 유전되는 것이다.

겸상적혈구 빈혈증을 가지고 있는 사람은 혈액에서 산소를 운반하는 분자인 헤모글로빈이 기형으로 적혈구가 낫(초승달) 모양이다. 이런 결함의 근본적 원인은 헤모글로빈을 암호화하는 1600개의 핵산으로 된 유전자상에 있는데, 그 유전자의 67번째 핵산 하나의 변화가 아미노산 하나를 잘못 만들어 단백질 사슬에 들어간다. 이것이 헤모글로빈 단백질을 이상하게 형성하도록 하여 헤모글로빈 분자는 서로서로 엉기게 된다.

그 다음 자발적으로 막대 모양으로 조립되어 적혈구 세포막을 눌러서 원래 둥근 모양의 세포를 낫 모양으로 만든다. 세포가 낫 모양이고 다소 뻣뻣하기 때문에 미세한 모세혈관을 통과하기가 어렵다. 그 결과 조직은 충분한 양의 산소를 공급받지 못해 빈혈을 일으킨다. 그래서 DNA상 단 하나의 핵산 변화가 세포의 모양 변화를 일으켜 빈혈을 초래하게 되는 것이다.

유전자에서부터 효과가 관찰되는 과정까지는 매우 복잡다단하기 때문에, 지금까지 단 몇몇 경우만이 연구되었다. 사람의 경우 약 4천

가지의 선천성 유전 질병이 있다. 근이영양증(muscular dystrophy, 근위축증)이나 낭포성섬유증(cystic fibrosis) 같은 몇몇 경우만이 그 유전자와 단백질이 확인되었을 뿐이다.

발생을 이해하는 관점에서 돌연변이는 기본적인 도구가 된다. 발생상 변화를 일으키기 때문에, 발생과정에서 정상적인 역할을 하는 유전자들을 확인할 수 있는 가능성을 열어준다. 일단 기형을 일으키는 돌연변이가 관찰되면 그 유전자를 확인하고 분리해내는 것이 가능하게 된다. 유전자를 분리하면 그 다음 증폭시킬 수 있고——대량으로 복사한다——그 다음 핵산서열이 결정된다. 핵산서열로부터 단백질의 아미노산 서열이 결정되고, 이것이 발생시 단백질의 역할을 밝히는 데 하나의 훌륭한 시발점이 된다. 이러한 접근법은 곤충발생 연구에서 매우 성공적으로 해오고 있다(7장).

그러나 유전자의 기능을 발견하는 것은 쉬운 일이 아니다. 예를 들어 생쥐의 경우 발가락 수의 감소 같은 사지 발생 기형을 일으키는 돌연변이들이 있으나, 그 유전자를 분리해내는 간단하고 직접적인 방법은 없다. 이는 마치 건초더미에서 바늘을 찾는 것과 같다. 그러나 1985년에 하버드의 한 연구실에서 탁월한 유전학자인 필 레더(Phil Leder)가 유전자 중 하나를 확인해내는 방법을 제시하는 뜻밖의 관찰을 하게 되었다.

레더와 그 동료들은 암을 일으키는 종양 바이러스에 대해서 연구하고 있었는데, 그 바이러스에 감염된 생쥐 중 하나가 사지 기형임을 알게 되었다. 그들은 사지 발생에 관여하는 정상 유전자에 바이러스의 DNA가 삽입되어 돌연변이를 일으킨 것이라는 정확한 가정을 내렸다. 이러한 사실은 그들이 바이러스 DNA가 유전자 내에 있다는 것을 알았기 때문에 보다 유리했던 것이다. 그래서 사지 발생시 명백한 역할을 하는 유전자를 발견하는 데 이 지식을 사용할 수 있었다.

이것이 바로 그들이 한 것으로 유전자의 핵산서열을 결정한 뒤 그 단백질도 결정했다. 현재 한 유전자 서열에서부터, 새로운 한 단백질이 발견되는 개개의 경우에 유사한 아미노산 서열로부터, 그리고 기능이 밝혀진 다른 단백질로부터 그 단백질의 기능을 추론해낼 수도 있다. 그러나 이 경우는 아니었다.

앞서 언급했던 단백질과는 달리 그 기능을 알아낼 실마리는 없었다. 현재 사지 발생을 조절하는 유전자를 알고 있지만 그 역할에 대해서는 거의 알지 못한다. 사지 발생시 단백질이 언제 어디서 만들어지는지를 알아내려고 시도하고 있으며, 유전자가 어떻게 작용하는지를 알게 되리라고 기대하고 있다.

유전자 활성 조절

단백질 합성 조절은 세포 분화와 발생의 중심 과제이다. 더 정확하게, 해결의 실마리는 특수분자의 조절이다. 이 분자는 필수 단백질을 조절하기보다는 오히려 세포를 서로서로 다르게 하는 분자이다. 여기서 단백질을 만드는 DNA를 쥬크 박스로 생각한다면 헤모글로빈 음악이 왜 적혈구에서만 연주되고, 알부민 음악이 왜 간세포에서만 연주될까를 이해하는 것이 문제이다. 각기 다른 세포에서 무엇이 단

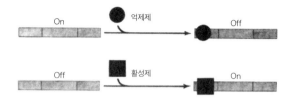

단백질 합성 조절 방법.

추를 정확하게 누르는 것일까?

완전한 단백질은 DNA로부터 만들어지는데, 그 연속적인 단계마다 단백질 합성이 조절될 수 있다. 첫 번째 단계인 전사가 아직까지는 가장 중요하다고 여겨진다. 전사를 조절하는 방법은 크게 두 가지이다. 단백질이 유전자의 앞부분에 있는 프로모터(promoter)라고 알려진 DNA 부위에 결합함으로써 전사를 개시한다. 반면에 전사를 방해하는 단백질이 있어서 프로모터 근처에 결합하여 방해한다. 어떤 면에서 발생의 대부분은 거의 전사 인자들에 대한 것으로 이런 인자들이 유전자 활성과 세포의 상태까지 조절한다.

전사를 조절하는 분자들 자체도 단백질로 다른 유전자에 의해서 암호화된 것이다. 그러면 이런 유전자들이 전사될지 아닌지를 무엇이 결정할까? 사실은 복잡한 유전자 상호 작용 회로망(network)이 있어서 한 유전자의 산물이 핵과 세포질 사이의 친밀한 관계에 관여하는 다른 유전자의 활성을 조절한다. 전사를 조절하는 데 세포질 신호들이 아주 결정적인 역할을 하여 유전자들이 켜질지 꺼질지를 결정하기 때문이다. 유전자를 켜거나 끔으로써 전사를 조절하는 것과 특정 단백질의 합성을 조절하는 데는 세포질에서 핵으로 들어가는 신호 분자들이 관여한다.

다음 실험을 생각하자. 닭의 적혈구는 사람의 적혈구와는 달리 핵이 있다. 그러나 마치 핵이 거의 없는 것처럼 보인다. 핵은 너무 비활성적이라――유전자가 켜지지 않고 새로운 단백질을 만드는 mRNA도 만들어지지 않아 단백질 합성도 없다.

사람의 암세포는 전혀 다르다. 많은 유전자가 전사되어 많은 단백질이 만들어진다. 만일 암세포의 세포질에 적혈구 핵을 넣으면 무슨 일이 일어날까? 이 실험에 사용된 암세포는 헬라 세포주(HeLa cell line)로 훌라스크에서 다량으로 키울 수 있다(수년 전에 종양 세포들을 분리한 헬렌 레인(Helen Lane)이 이국적인 분위기의 이 이름을 붙였다).

세포 융합.

적혈구 세포핵을 헬라 세포의 세포질 내로 넣는 방법은 두 세포를 융합시키는 것이다. 적혈구 세포는 세포질이 거의 없기 때문에 두 개의 핵이 헬라 세포의 세포질에 의해서 둘러싸이게 된다. 헬라 세포핵은 이전처럼 행동하기 시작한다. 그러나 닭의 적혈구 세포핵에서는 극적인 변화가 일어난다. 핵이 점점 커져서 며칠 내에 닭의 잠재적인 유전자들이 재활성화된다. 예를 들어 닭의 특성을 가진 새로운 분자들이 세포 표면에 나타난다. 이는 헬라 세포질에서 나온 신호들이 닭의 핵으로 들어가 유선자를 활성화시켰다는 것을 뜻한다.

계속적으로 유전자 활성을 조절하는 데 있어서 세포질 인자들이 중요하다는 것을 보여주는 또 다른 예는, 성숙한 근육세포와 전혀 다른 종류의 세포를 융합시키는 것이다. 성숙한 횡문근 근육세포는 근육 특이 단백질을 만드는데, 이런 세포를 간세포나 연골세포 같이 아주 다른 종류의 세포들과 융합시킨다. 그러면 이 세포에서도 근육특이 유전자가 활성화되어 근육 특이 단백질을 합성하게 된다. 그 결과 사람의 세포와 생쥐의 근육세포를 융합하여 만들어진 새로운 근육 단백질을 확인할 수 있었다. 사람의 근육 단백질은 쥐가 만든 근육 단백질과는 전혀 다르기 때문이다.

위의 실험들에서 유전자 활성을 조절하는 데 있어서 세포질 내 인자들이 중요하다는 것에는 의심할 여지가 없다. 그러면 어떻게 일어날까? 진짜로 핵의 DNA가 어떤 세포질이 정확한 음악을 고르는 쥬크 박스처럼 행동하며 수동적인 것일까? 세포질이 전적으로 유전자 활성을 조절할 수 있을까? 바로 핵을 난자 내로 이식하는 유명한 실험이 그 대답과 그 이상을 준다.

핵 이식

두꺼비의 난자에서 핵을 제거하는 것은 가능하다. 두꺼비 알은 크고, 난황이 많고, 핵은 꼭대기 근처 표면 바로 밑의 세포질에 떠 있다. 꼭대기에 충분한 양의 자외선(UV)을 조사하면 핵이 비활성화되어 기능이 없어지나 세포질은 영향을 받지 않는다. 결국 난자는 핵이 없게 된다. 그러면 이제 다른 핵을 이 난자 안으로 넣는 것이 가능하다.

영국의 배아학자인 존 거든(John Gurdon)은 1960대에 일련의 광범위한 실험을 통해서, 두꺼비의 초기 배아인 포배기 세포 중 한 세포에서 핵을 꺼내 이식하면 그 핵은 마치 두꺼비 난자의 핵인 것처럼 기능을 나타낸다는 사실을 알아냈다. 대다수의 경우에 알은 지극히 정상적인 올챙이를 거쳐 정상적인 성인 두꺼비로 발생한다. 이 결과에서 인상적인 것은, 이식된 핵은 초기 단계 배아에서 온 것이다. 그렇다면 잘 분화된 세포의 핵을 이식해도 같은 결과를 얻을 수 있을까?

거든은 올챙이의 내장 막 세포에서 핵을 꺼내 핵을 제거한(무핵) 난자에 이식한 결과, 성공 횟수는 좀 적었지만 정상적인 배아 발생을 관찰할 수 있었다. 또한 그는 배양한 성체 피부 세포핵을 이식하여 정상적인 발생이 일어날 수 있음도 알아냈다. 이는 결론적으로 이식된 핵에서 세포질이 유전자 활성을 완전히 변경시킬 수 있음을 보여준 것이다. 장 세포나 피부 세포의 핵 내 유전자 활성은 초기 발생시 활성있는 유전자와 아주 다르기 때문이다.

장 내 세포의 핵이 하나의 정상적인 두꺼비를 만들어낼 수 있기 때

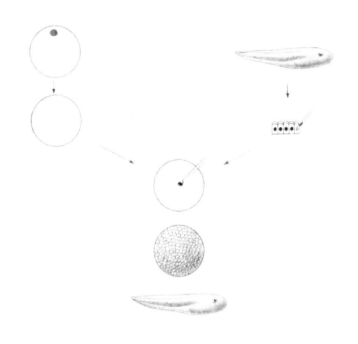

핵 이식 방법에 의한 복제.

문에, 장 발생 동안 유전정보 손실이 전혀 일어나지 않은 게 분명하며 피부 핵에 대해서도 마찬가지이다. 신체 내 모든 세포들이 같은 유전 정보를 갖고 있다는 것이 중요한 결론이다.

　세포를 서로 다르게 만드는 것은 그 유전정보가 어떻게 사용되는가 하는 것이다. 각 세포의 핵은 같은 유전 정보를 갖고 있기 때문에 어떤 단백질이 만들어질지를 결정하는 것은, 바로 발생 동안에 세포질과 핵 사이의 상호 의사소통이다.

위 실험들은 보다 많은 의미를 포함하고 있다. 핵 이식은 쌍둥이 두꺼비를 만들어낼 수 있는 길을 열어주었다. 한 동물에서 모든 핵은 똑같은 유전 정보를 갖고 있기 때문에, 무핵 난자로 두꺼비의 핵들을 이식시켜 발생한 모든 동물들은 정확히 똑같다는 사실을 알아냈다. 어떠한 경우 거든은 10마리의 서로 유전적으로 동일한 쌍둥이를 만들었다. 이는 피부 이식 실험으로 서로 거부하지 않는 점으로 확인되었다. 그러나 알에 이식할 때 모든 세포의 핵이 발생을 돕는다고 생각해서는 안 된다.

핵은 반드시 분열 중인 세포로부터 취해야 한다. 분열되지 않는 뇌 세포핵은 발생을 절대 돕지 않을 것이다. 언급되지 않은 또 다른 제한이 있다. 바로 장의 상피 세포나 피부 같은 성숙한 세포의 핵에서 발생한 두꺼비는 불임이다. 그 이유는 확실하지 않지만 핵 내 유전정보에 있어서 어떤 미세한 변화의 결과임에 틀림없다.

많은 사람들이 현대 생물학에 대해 가지고 있는 공포스러운 환상 중 하나는 똑같은 쌍둥이 인간을 복제할 수 있다는 것이다. 이런 생각은 인간의 복제가 이미 이루어졌다는 헛소문에서 온 것이다. 어떤 백만장자가 스위스(아니면 남미 대륙)의 어떤 비밀 클리닉에서 자신의 세포핵을 취해서 자기 자신을 복제했다는 것이다. 이는 한 마디로 비상식적이다. 현재까지 두꺼비에 사용했던 방법으로 복제된 포유동물은 아무 것도 없다.

정반대로, 강도 있게 연구된 생쥐 실험에서 나온 모든 증거들은 초기 생쥐 배아 세포의 핵이 난자의 핵을 대신할 가능성조차 없다는 것을 보여준다. 발생의 4세포기나 8세포기 단계까지 핵 내 DNA는 분명히 돌이킬 수 없는 변화를 이미 겪게 된다. 이는 유전정보가 소실되었다는 것을 의미하는 것이 아니라, 중요한 유전자들에 접근할 수 없게 어떤 화학적 변화가 일어났음을 의미할 뿐이다. 현재는 포유류의 복제가 핵 이식에 의해서 가능하지 않다는 것을 의미한다.

핵 이식이나 다른 실험을 통해 모든 핵이 같은 유전 정보를 포함하고 있음을 확실히 알 수 있다. 반면 예외들도 있다. 예를 들어 어떤 벌레에서 어떤 세포는 DNA가 소실되었고 장차 생식세포가 될 세포만이 완전한 DNA를 보유하고 있다. 또한 포유류의 적혈구 세포 같은 세포는 DNA가 전혀 없고 분화시 핵이 추방된다.

유전자 스위치

발생 프로그램의 기본은 여러 세포에서 유전자 스위치를 켜거나 끄는 것을 기초로 발생시 변화가 나타나기 시작한다. 또한 유전자 스위치가 세포의 기억과 변화의 근본이라는 확신은 우리 마음에 깊이 자리잡게 되었다. 여기에서 간세포는 자기 부모처럼 남게 되는데 이는 같은 유전자가 켜졌기 때문이다. 다리의 세포와 팔의 세포가 서로 다른 것은 유전자 활성 패턴이 다르기 때문이다. 물론 유전자를 켜거나 끄는 것 자체가 발생 변화를 일으키지는 않는다.——유전자 스위치가 켜지거나 꺼짐으로써 만들어질 단백질을 변화시키고, 계속 이런 과정이 반복되어 복잡한 경로를 거쳐 세포의 행동을 바꾸게 된다.

유전자 작용은 전사 수준에서 조절된다. 그래서 한 유전자가 켜지는지 꺼지는지는 곧 그 유전자가 전사되는지 안 되는지에 달려 있다. 전사 조절은 주로 유전자 서열 앞에 있는 프로모터의 상태와 관계 있다. 특정 세포의 모양을 특징짓는 유전자 활성 조절은 프로모터에 작용하는 세포 내 특정인자 때문인데, 이러한 사실은 프로모터 요소들의 위치를 바꾸어주는 실험들에서 나온 결과이다. 그리고 유전공학으로 한 유전자의 프로모터를 다른 유전자의 프로모터에 연결시킬 수 있다. 이렇게 조작된 DNA는 발생 중인 배아의 DNA 내로 섞여들어가 프로모터가 이미 활성화된 세포에서 비록 그 세포에게 적당하지 않은 단백질일지라도 단백질을 만들어낸다.

성장호르몬은 뇌의 기저부에 있는 뇌하수체에서 만들어지는 단백질 중 하나이다. 이는 정상적인 성장에 꼭 필요하고, 뇌하수체에서 분비되어 혈액을 통해 온몸으로 운반된다(10장). 성장호르몬 유전자는 분리되었고 조절하는 프로모터 지역도 확인되었다. 유전공학은 DNA를 적절하게 자를 수 있다. 그래서 성장호르몬 유전자의 프로모터를 혈액 내 금속이온과 결합하는 한 단백질의 프로모터로 대체하는 것이 가능했다. 이 프로모터는 금속이 미량으로 있을 때도 활성화된다. 미량의 금속으로도 켜지는 프로모터와 결합한 이 새로운 성장호르몬 유전자를 미세한 피펫으로 생쥐 수정란의 핵에 주입시켰다. 여러 개를 주입시켰고 그들 중 일부가 거의 무작위적으로 수정란의 핵 DNA 내로 삽입되었다. 그 다음 수정란을 발생시켰다. 그러면 배아의 모든 세포는 성장호르몬 유전자와 새 프로모터를 다수 가지게 되는 것이다. 출생 직후의 생쥐에게 미량의 금속이 들어 있는 물을

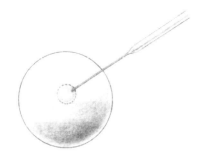

미세 피펫을 이용한 유전자 주입.

먹여 주입된 DNA를 활성화시켰다. 그 결과 생쥐는 정상 쥐의 거의 두 배 크기가 되었고 이를 슈퍼 생쥐(supermouse)라 이름붙였다. 이러한 현상은 신체 내 모든 세포에서 성장호르몬 유전자의 스위치가 켜진 것으로, 성장호르몬의 생성이 증가되어 결과적으로 생쥐의 성장이 증가된 것이었다.

슈퍼 생쥐는 일종의 유전자 변형 생쥐(transgenic mouse, 형질전환 생쥐)이다. DNA를 핵 안으로 주입시키는 것은 새로운 유전 정보를 주는 것이고, 신체 내 모든 세포로 유전되어 생식 세포를 통해 다음 세대로 이어질 것이다. 유전자 변형 생쥐는 유전자가 발생에 어떻게 영향을 주는지, 또 유전자가 어떻게 켜지고 어떻게 꺼지게 되는지를 연구하는 강력한 수단이 된다.

특정 유전자를 켜는 인자들이 세포 내에 존재한다는 것을 보여주는 또 다른 실험이 있다. 여기서도 성장호르몬 유전자를 사용하였고,

또 다른 유전자는 일라스타제(elastase) 효소를 만드는 유전자로서 췌장에서 만들어져 위로 들어가 탄성(elastic) 조직을 부수는 일을 한다. 일라스타제 유전자의 프로모터와 성장호르몬 유전자를 결합시켜 생쥐 수정란의 핵 안으로 주사하였다.

그 결과 성장호르몬이 췌장에서 만들어짐이 발견되었고, 특정 세포에서는 특정 프로모터가 활성화된다. 이는 마치 활성화되어야 하는 유전자 주소 목록을 특수 단백질의 프로모터 부위가 갖고 있는 것 같다.

원래 세포의 상태는 그 유전적 활성에 의해 묘사될 수 있다. 어떤 유전자가 켜지고 꺼지는지——이런 면에서 발생이란 여러 세포에서 유전자 활성의 회로망이 변화하는 것이라고 볼 수 있다. 즉 한 유전자의 활성화는 한 가지 단백질을 합성시키는데 그 단백질이 어떤 유전자는 활성화시키고, 또 다른 유전자는 억제하여 차례로 다른 유전자를 조절한다. 그러나 이런 유전자 활성의 회로망이 얼마나 복잡한지는 아직 분명하지 않다.

한 가지 가능성은 총괄 유전자(master gene)가 있어서 그 유전자 산물이 다른 많은 유전자의 활성을 조절한다는 것이다. 그리고 아마도 너무 많은 인자들과 너무 많은 상호 작용들이 있어서 전체 시스템이 원형으로 맴돌아 거의 통제할 수 없다는 느낌도 있다. 하지만 그러한 경우는 아니다. 차라리 이런 느낌은 세포 안에서 무슨 일이 일어나는지 자세히 모르는 우리의 무지를 드러낼 뿐이다.

궁극적으로 우리는 패턴과 형을 유전자 작용과 연결하기를 원한다. 유전자가 어떻게 켜지고 꺼지는 것을 아는 것이 세포 내부 프로그램을 이해하고, 또 다른 세포에서 나오는 신호에 대해 영향을 어떻게 받는지를 이해하는 데 중요한 첫 걸음이 된다. 그들은 발생시 매우 다양한 종류의 세포들이 만들어지며 각각은 자신 특유의 특수 단백질을 갖고 있다. 어떻게 이런 다양성이 이루어질까?

6

세포 다양성과 세포 분화

단세포인 사람의 난자는 혈구, 근육, 피부 등 약 350 종류의 세포를 만들어낸다. 이런 다양화는 각 종류의 세포에서 특수 단백질을 만드는 유전자가 적절한 세포에서 작동해야 한다. 세포 다양화란 공 하나가 갈라진 길을 따라 굴러가는 기복이 있는 풍경 이미지로 설명할 수 있다.

이 이미지를 1940년에 영국의 배아학자인 콘라드 워딩톤(Conrad Waddington)은 후성설적 풍경지형(epigenic landscape)이라고 불렀다. 대부분의 분지에서는 단 두 개의 새로운 행로가 나타나지만 어떤 분지에서는 두 개 이상이 나오기도 한다. 여기서 행로는 유전자 활성 패턴으로 생각할 수 있고, 공은 발생 중인 세포로 간주될 수 있다. 세포가 어떤 행로를 따라야 하는지는 대개는 분지점에서 작용하는 세포 외 신호에 의해서 조절된다.

세포들은 거의 행로를 역행할 수 없지만 어떤 처리를 하면 세포를

127

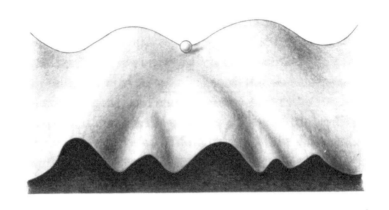

세포 다양성을 설명하는 풍경지형.

인접한 행로로 밀어낼 수는 있다. 세포는 한 행로를 따라 진행하여 가지 중 하나만 택하여 나머지 행로는 닫히게 되므로, 결국 이 이미지는 발생시 다양화의 본성에 대한 감을 잡게 해준다. 세포는 시간이 지남에 따라 점점 더 멀리 진행되고 서로 멀어지게 되어 유전자 활성 패턴이 다르게 반영된다.

후성설적 풍경은 유전자 활성 변화에 대한 표현의 일종이며 각 세포는 유전적으로 똑같이 구성되어 있다. 그래서 세포가 발생하고 풍경지형을 따라 굴러감에 따라 어떤 유전자의 스위치가 켜지거나 꺼지는 것이다. 세포가 한 행로를 따라 진행될 때 외부 신호는 분지점에서만 작용하기 때문에, 유전자는 내부 프로그램을 반영하여 스위치가 켜지거나 꺼지면서 세포가 행로 중 하나만 따라가도록 지시한다. 유전자 활성 패턴에 대해서는 거의 알려진 것이 없다. 일반적으로 그림이 아직 붓으로 그려지고 있는 중이며 나중 단계가 초기 단계보다 더 잘 밝혀졌다.

최종 행로는 분지되는 점이 없어서 근본적으로 성숙 과정이다. 예를 들어 적혈구 세포의 성숙이란, 중요 구조의 변화와 세포핵의 추방으로 인한 모든 유전 정보의 상실을 말한다. 성숙 단계 전에 헤모글로빈을 만드는 다량의 mRNA가 만들어져 세포 내에 저장된다. 그러므로 핵이 없어도 헤모글로빈 합성은 지속된다.

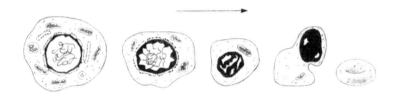

적혈구 생성 과정. 성숙된 포유류 적혈구(오른쪽)는 핵이 없다.

그러나 그것마저 멈추면 단백질 합성은 전혀 없는 것이다. 적혈구는 결국 산소를 운반하는 헤모글로빈 분자를 포함하는 작은 주머니이다. 근육세포 역시 성숙 과정에 따라 일련의 특징적 변화를 겪게 된다. 세포의 모양이 길어지고 다른 근육세포들과 서로 융합되어 다핵의 근육 섬유사(multinucleate muscle fiber)를 만들게 된다.

또한 새로운 단백질이 합성되어 근육의 수축 작용에 쓰이게 되고, 세포 내에 사상체(filament)들이 질서정연하게 조직화되어 근육에 줄무늬를 띠게 한다. 그러나 무엇이 근육으로 하여금 최종 경로로 가게 하고, 또 무엇이 모든 필요한 유전자를 동시에 켜는 것일까?

근육의 경우에는 마이오제닌(myogenin)이라고 알려진 총괄 유전자가 있어서 모든 주된 유전자의 발현을 조절하는 것 같다. 성숙한 근육세포에서는 항상 스위치가 켜 있다. 그 특성은 근육 성숙에 필요한 대부분의 유전자들을 활성화시킬 수 있다는 것이다. 마이오제닌 유전자는 이미 분리되었고, 비근육 세포 내로 주입되었을 때 DNA로 통합된다.

단 하나의 유전자를 주입시키는 효과는 어떤 유전자의 스위치를 내리고 일련의 유전자 활성화라는 기차를 출발시켜 세포가 그에 맞는 모든 단백질을 갖는 근육세포로 발생시키는 것이라는 것이 총괄 유전자를 적절히 표현하는 것이다. 그러나 이것이 근육에서만 특별한 것인지, 아니면 다른 총괄 유전자가 또 발견될지는 앞으로 연구해야 할 과제이다.

외부 신호가 어떻게 마이오제닌처럼 한 유전자를 활성화시켜 세포가 근육 경로를 따라가도록 안내하는지 상상할 수 있다. 이런 분지점은 발생의 다양성에 대단히 중요하고 특히 혈구 세포의 대표인 적혈구 세포 발생에 있어서 명확하다.

혈구 계보

포유류 성체의 적혈구 세포는 수명이 제한되어 있어서——사람의 경우 약 120일——계속하여 만들어진다. 적혈구 세포 외에 7종류나 되는 다른 혈구세포들이 있다. 이것들은 세포 다양성을 연구하는 데

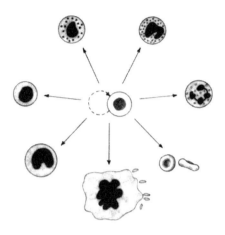

혈액에서 보이는 혈구세포 및 혈소판. 줄기세포(중앙)로부터 적혈구(4시), 백혈구(7시부터 3시까지), 그리고 혈소판(6시 방향. 세포질의 일부가 떨어져 나온 것)이 생성된다.

중요한 가치가 있다. 백혈구 중에는 통칭하여 과립 세포로 알려진 청소부 과립세포(granulocyte), 면역 반응에 책임 있는 림프구(lymphocyte), 역시 청소부인 대식세포(macrophage), 또 혈관이 상처를 입었을 때 혈액 응고와 관련 있는 혈소판을 만드는 세포 유형이 있다. 혈구 세포의 생성은 주로 골수와 지라(비장)에서 이루어진다.

혈액 내 모든 세포들은 잠재력이 매우 큰 줄기세포(stem cell)인 특별한 조상 세포에서 온다. 줄기세포의 본성은 자율 재생(self-renewing)된다는 것이다. 또 그 이름이 내포하듯이 다른 세포의 근원이 된다. 줄기세포가 분열하면 2개의 딸세포 중 하나는 다른 종류의 세포가 되지만, 다른 딸세포는 줄기세포로 남게 되어 다시 분열할 수 있어 항상 하나의 딸세포를 다양화시킨다.

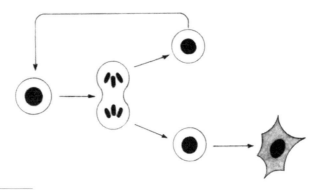

줄기세포의 자율 재생.

　즉 줄기세포의 특징은 비대칭이다. 딸세포 중 하나는 계속 줄기세포의 특징을 유지하고 다른 하나는 다양화의 경로를 따라간다. 원래 줄기세포는 자율 재생하기 때문에 자기가 만들어내는 세포와는 달리 없어지지 않는다.

　모든 종류의 혈구세포를 만들어내는 세포는 단 한 종류——잠재력이 무지 큰 줄기세포——만 있다는 증거는, 생쥐의 줄기세포를 파괴한 뒤 다른 줄기세포로 대치하는 실험에서 증명되었다. X선을 조사하여 줄기세포를 파괴하면, 혈구세포가 더이상 만들어지지 않고 고갈되어 방사선 질병을 앓다가 죽게 되는데 이때 줄기세포로 대치시키면 동물들이 다시 살아난다.

　X선을 치명적으로 쪼인 생쥐에게는 단 20개의 줄기세포를 주사해주면 충분하다. 수년 간의 힘든 작업 후에, 잠재력이 큰 줄기세포를 분리하는 것이 가능해졌을 뿐 아니라, 배양시 다른 종류의 혈구세포로 분화시킬 수 있는 조건도 만들 수 있게 된 것이다.

여러 종류의 혈구세포로 분화되는 것은 분지되는 행로 모델로 생각할 수 있다. 각 분지점은 세포 분열이 일어나는 곳으로 생각할 수 있어, 각 분지 패턴은 잠재력이 큰 줄기세포가 출발하는 세포 계보로 생각할 수 있다.

줄기세포 분화 프로그램의 주된 특징은 비대칭이라는 것이다. 줄기세포가 분열하면 두 개의 딸세포는 서로 다르게 행동한다. 이런 비대칭적 행동이 줄기세포의 타고난 성질일까? 아니면 딸세포의 행로를 서로 다르게 조절하는 어떤 환경적 신호가 있는 것일까?

잠재력이 큰 줄기세포를 배양하면 여러 가지 다양한 종류의 혈구세포들이 발생하기 때문에, 다양화 프로그램은 원래 세포가 가지고 있는 성질이며 외적 요인에 기인하지 않는 것 같다. 배양시 세포들은 지라나 골수세포가 분비하는 인자이나 혈액에서 순환되는 다른 인자들에 노출되지 않는다.

이와는 반대로, 분화경로를 조절할 수 있는 특이인자가 있다는 확실한 증거가 있다. 예를 들어 계보의 한 단계에서 과립세포 (granulocyte)나 대식세포 중 하나를 만들어낼 수 있다. 과립세포가 될지 대식세포가 될지는 한 단백질 인자의 농도에 의해서 조절되는데, 그 농도가 충분히 높으면 대식세포 경로를 따라 분화되게 지시가 내려질 것이다.

혈구세포의 자세한 계보는 아직까지 완전히 연구되지 않았지만, 계속적으로 세포분열이 일어나면 어떤 경로를 절대 역행할 수 없다는 것은 확실하다. 분열이 계속됨에 따라 조상 줄기세포의 잠재력은 점차적으로 감소된다. 즉 세포의 선택폭이 점차 좁아진다는 것이다.

줄기세포로부터 다양한 종류의 성숙한 혈구세포로 진행되는 동안 세포는 여러 번 분열한다. 분열 중 어떤 것은 분지점을 보이는 반면, 다수의 분열은 증식직이라 계보 중 특정 단계에서 세포의 수를 증폭시키는 역할을 한다.

혈구세포가 매우 많이 필요하지만(사람의 혈구세포 수명은 겨우 몇 달이다) 줄기세포가 거의 없어서 엄청난 증폭이 있어야 한다. 적혈구 생성단백질(erythropoietin)같은 인자들은 적혈구 세포를 자극하여 증폭시킨다. 예를 들어 고도가 높아서 산소가 부족하게 될 때 조혈 단백질의 생성이 증가된다.

역동적인 내막층

불멸의 줄기세포와 세포 다양화는 우리 신체의 내적 내막과 외적 내막 모두에게 기본적이다. 우리의 피부와 내장 내막은 모두 새것으로 항상 교환되고 있는 중이다. 죽은 피부 세포는 연속적으로 떨어져 나가 집안의 먼지가 된다. 내장 내막 역시 계속적으로 떨어져나간다. 이 세포들은 대체되어야 하기 때문에 혈구세포와 비슷한 과정이 일어난다.

피부의 표피층 밑에는 여러 층으로 된 세포들이 있다. 피부의 기저에는 줄기세포를 포함하는 분열 중인 한 층의 세포들이 있는데 이 세포들은 표피 쪽으로 이동한다. 이 세포가 기저부를 떠나면 분열을 중

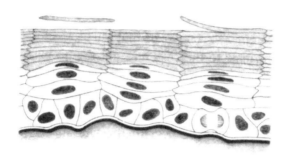

상피세포. 피부와 내장 내막을 구성하는 세포들은 외부에서 계속 탈락되고, 기저부에 위치한 줄기세포들이 분열하여 지속적으로 보충한다.

지하고 성숙하기 시작하며 표면을 덮는 죽어가는 굳은 세포로 된다. 표피 쪽으로 올라갈수록 세포들은 핵을 소실하게 되고 케라틴(keratin)같은 특이한 단백질을 합성하여 피부가 단단한 보호성을 갖게 한다. 피부의 전체적인 두께는 기저부 세포의 분열 속도에 의해서 조절되고, 바깥 층에서 세포를 제거하면 세포 분열 속도를 증가시켜 두께를 재보충한다. 아마도 죽어가는 바깥층 세포가 세포 증식을 막는 억제제(inhibitor)를 생성하여, 표피세포 수가 감소하면 억제제 농도가 감소하여 더 많은 세포가 생성되게 한다.

사람의 피부세포가 생성되어 없어지는 수명은 단 몇 주이다. 그리고는 불멸의 줄기세포가 증식을 계속함에 따라 세포의 대체가 이루어진다. 줄기세포는 기저부 내 자기 위치에서 더 안쪽 세포층의 영향을 받으며 자신의 특성을 유지하고 있는 것 같다.

혈구 세포의 경우와 같이 X선을 조사하여 줄기세포를 죽이면, 세포들이 표면에서부터 탈피되지만 대체할 새로운 세포가 없게 된다. 이때 밑에 있는 조직들은 노출되어 마치 화상을 입은 것 같이 위층들이 파괴된 모습을 띠며 노출된다.

장에서도 내막 세포들이 계속해서 떨어져나간다. 이 내막은 영양분 흡수 면적을 늘이기 위해서 고도로 주름져 있다. 주름 끝에서 세포들이 떨어지고 줄기세포들이 주름의 기저부에 있다. 기저부에서 세포들이 내막 쪽으로 이동함에 따라 계속 분열하지만, 줄기세포와 달리 자신의 불멸성을 잃게 되어 탈락될 표면에 도달하면 분열을 중지한다. 피부에서와 같이 X선을 조사하면 줄기세포가 죽게 되고 이것이 곧장 내막에 비참한 영향을 주어 방사선숙취(radiation sickness)를 일으키는 주요 원인이 된다.

피부에서와 같이 장에서도 줄기세포의 성질은 기저부 위치에 의해서 유지되는 것 같다. 세포가 일단 자기 위치를 떠나면 줄기세포임을 포기하고 성숙과 죽음에 이르는 경로를 따르게 된다.

다양한 신경제

발생 경로에서 특이한 다양성을 보여주는 세포군이 있다. 신경관이 닫힐 때(2장), 한 세포군이 융합 부위에서 떨어져 신체의 여러 부위로 이동하여 매우 다양한 종류의 세포들로 분화된다. 이는 이미 세포의 이동에서 언급했다(2장).

1968년 프랑스의 배아학자인 니콜 르 다우린(Nicole Le Douarin)이

우연히 어떤 발견을 함으로써, 닭에서 신경제 세포들의 이동과 그 운명을 상세히 지도로 나타내는 것이 가능하게 되었다. 그녀는 메추라기의 배아 세포 핵은 닭 배아의 것과 약간 다르다는 것을 알게 되었다. 그리고 메추라기 세포를 닭 배아에 이식해도 정상적으로 행동했기 때문에 매우 소중한 천연 표시(natural marker)를 갖게 되었음을 깨달았다.

메추라기 배아의 초기 신경관을 닭 배아의 같은 위치에 이식하면 ——닭 배아 내 그 부분을 먼저 제거한 뒤——메추라기 신경제 세포들의 운명을 추적할 수 있었다. 세포가 배아의 여러 다른 곳으로 이동하여 머리의 골격으로 발생하거나, 대부분의 불수의(involuntary) 신경계의 신경, 감각신경 그리고 다양한 선(gland)으로 발생하였음을 보였다.

신경제 다양화는 특이한 문제를 제기한다. 세포가 연골이나 신경 같이 매우 다양한 종류의 세포들로 분화되어야 할 뿐 아니라, 배아 내 특정 위치로 아주 먼 거리를 이동해야 한다. 이것이 이루어질 수 있는 여러 가지 방법이 있다. 세포는 매우 잠재력이 커서 모든 자리로 이동할 수 있는데, 일단 도착하면 국부적인 신호에 의해서 정확한 발생 경로를 따라가도록 지시를 받는다. 혹은 이동을 시작하기 전에 자기들의 지정된 발생 경로를 보유할 수 있어서 정확한 자리로 이동할 것이다. 예를 들어 연골로 발생하도록 프로그램된 세포는 머리 쪽으로만 이동할 것이다.

세 번째 가능성도 있다. 이동하는 세포들은 미성숙한 형태로 여러 종류의 세포들이 혼합되어 구성되어 있으므로 모든 자리로 이동하지만, 적당한 자리에 도착하면 특정 종류의 세포만이 생존한다——일종의 세포선택. 배아는 자신의 논리를 가지고 있어서 정돈하는 방식을 회피한다. 즉 이 세 가지 기작 중 한 가지 요인이 포함되는 것이나.

메추라기의 세포를 닭의 같은 자리로 이식하는 대신, 메추라기의 신경제를 사용하여 적당하지 않은 자리로 이식하는 실험이 있다. 예를 들어, 신경제 머리 부위를 배아의 약간 뒤쪽으로 이식하고 신경제 뒤쪽 부위를 머리 부분으로 이식하는 것이다.

이 결과 신경제 머리 부위는 나머지 지역의 신경제와 처음부터 아주 다르다는 것을 알았다. 이때 머리에 위치한 나머지 신경제는 머리 발생을 기형적으로 일으킨다. 신경제 머리 부위가 머리를 만드는 데 필수적이라 할지라도 신경제 몸통을 대체해도 만족할 만한데, 이는 그 세포가 매우 잠재력이 크다는 것과 그 분화는 귀착되는 장소에 의해서 결정된다는 점을 시사한다.

세 번째 가능성에 대한 증거는, 세포 선택으로 이미 이동을 끝내고 분화하기 시작한 세포를 더 어린 배아의 신경제 형성 자리로 재이식하는 실험에서 온다. 이런 더 오래된 세포들은 두 번째로 이동하여 첫 이동시 도착했던 자리에서와는 아주 다른 다양한 종류의 세포들로 된다. 이는 이동이 끝났을 때, 각 자리마다 혼합된 세포집단들이 있고, 각 자리의 환경이 혼합된 집단 중 특정 요소들의 성장과 분화를 편애한다. 즉 다른 것들은 번성하지 못하고 곧 죽게 된다.

모든 신경제 세포들은 잠재력이 아주 크지는 않다. 반면에 그들의 운명은 이동하기 시작함에 따라 변한다. 이동시 신경제 세포들은 올

바른 발생 경로를 따라가도록 지시하는 신호들을 주변의 조직으로부터 받는다. 이런 면에서 신경제 세포들은 주변 조직에서 나오는 일련의 신호에 의해서 조절되는 혈구세포의 다양한 발생과 비슷하다.

신경교세포 프로그램

대부분의 성숙한 세포들은 일정한 모양의 특징을 갖고 있어 구별하기가 쉽고, 적혈구나 근육세포 또는 신경세포를 구별하는 데 별 어려움이 없다. 그러나 혈구나 신경제의 배아 세포 계보를 추적할 때 초기 세포들은 황당하게도 비슷하다. 말하자면 초기 적혈구 세포와 백혈구 세포를 구별할 만한 명확한 특징들이 없는 것이다.

특정 경로로의 진행은 세포 모양이 명백하게 변하기 훨씬 전에 일어나기 때문에 세포 분화를 연구하는 데 주된 장애물이 될 수도 있다. 그러나 매우 비슷하게 보이는 세포들을 구별하기 위해 항체를 사용함으로써 이런 어려움을 극복하는 큰 진전이 이루어졌다. 항체는 단백질로 각기 다른 분자에만 특정하게 결합한다. 즉 항체는 세포 표면에 존재하는 한 종류의 분자만을 인지하도록 만들어질 수 있다.

그 표면 분자가 한 종류의 세포에만 유일하게 있다면 형광 항체를 이용하여 세포를 현미경하에서 세포 표면 형광성의 유무를 구별하여 세포를 구별할 수 있다. 여러 가지 많은 분자를 포함하고 있는 세포들을 고도로 식별하는 도구로는 항체가 쓰이는데, 이는 각각의 분자에 대해서 고유한 항체를 만들 수 있기 때문이다.

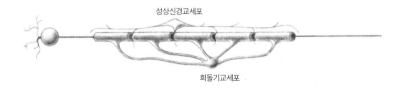

성상신경교세포

희돌기교세포

신경 지지세포들.

　항체 기술은 신경교세포(신경계의 지지세포인) 분화에 작용하는 내부 인자와 외부 신호의 역할을 알아내는 데 필수적이다. 그래서 현재 우리가 가장 잘 이해하게 된 시스템 중 하나가 되었다. 쥐의 시신경에는(눈과 뇌를 연결시키는 신경) 단 세 종류의 신경교세포가 있다. 이 중 둘은 성상신경교세포(astrocyte)로 신경세포 주위의 공간을 차지하고 있는 지지세포이고, 세 번째 종류는 희돌기교세포(oligodendrocyte)로 신경 주변을 밀착되게 싸고 있어서 신경 충격 전달 속도를 높이는 절연층이 된다.

　성상신경교세포와 희돌기교세포는 한 종류로서 공통된 조상세포에서 유래되어 각각으로 분화된다. 희돌기교세포는 출생 즈음에서 나타나고 성상신경교세포는 일 주일 늦게 나타난다. 그러면 조상세포는 언제 희돌기교세포를 만들지, 또 언제 성상신경교세포를 만들지를 어떻게 알 수 있을까?

　조상세포는 자기 환경 내 인자들에게 반응한다. 성장인자가 있으면 조상세포에서 만들어지는 세포는 희돌기교세포로 분화되기 전 약

8번의 세포분열을 일으킨다. 그리고 시신경에 의해서 만들어지는 또다른 인자가 있을 때만 성상신경교세포로 전환된다. 단 하나의 조상세포에 미치는 이 인자의 영향은 매우 인상적으로 현미경하에서도 관찰할 수 있다. 이 인자가 없으면 세포는 희돌기교세포로 되고, 있으면 성상신경교세포로 된다.

이 시스템은 세포분화의 경로를 조절하는 데 있어서 내부 인자와 외부 인자들의 역할을 보여준다. 조상세포가 거의 춤추듯이 8번의 세포분열 프로그램으로 들어가게 하는 데는 다른 성상신경교세포에서 만들어진 인자가 절대적으로 필요하다. 세포분열 프로그램을 다 마쳤을 때만 희돌기교세포로 분화된다. 이 조상세포는 주변 시신경에서 나오는 신호를 받아서 희돌기교세포에서 성상신경교세포로 분화되도록 경로를 바꾼다.

키메라

키메라는 항상 공포의 대상이 되어왔다. 이것은 신비스런 괴물로 반은 짐승이고 반은 다른 것이거나 또 머리는 황소 같고 꼬리는 뱀 같은 것이다. 사실 모든 포유류의 암컷은 키메라이다. 세포들의 반수는 한 X 염색체가 활성을 보이고, 나머지 반은 다른 X 염색체가 활성을 보인다. 암컷은 두 개의 X 염색체를 가지고 있고 수컷은 단 하나만 가지고 있는데(9장), 이런 염색체 수의 불균형은 발생학적으로 받아들일 수 없다.

배아 발생은 매우 민감하게 정확한 유전자 수를 갖게 하는데, 암컷

키메라 생성 방법.

의 X 염색체 중 하나는 발생 초기에 불활성화되어 각 세포에 단 하나의 X 염색체만이 기능을 갖게 된다. 이런 X 염색체의 불활성화는 무작위적으로, 초기 배아에서 어떤 세포는 한 염색체가, 다른 세포는 다른 염색체가 불활성화된 세포들의 혼합물로 구성되어 있다. 그러므로 배아는 일종의 키메라로 서로 다른 두 종류의 세포가 모자이크를 이룬 것이다.

삼색(흑, 백, 갈색) 얼룩 고양이(tortoiseshell cat)는 X 염색체 불활성화를 볼 수 있는 좋은 예이다. 털 패턴을 조절하는 유전자는 X 염색체 상에 있어서, 한 X 염색체가 색깔을 띠는 유전자를 가지고 있다면 다른 X 염색체는 불활성화된 유전자를 가지고 있다. 불활성화된 X 염색체를 가진 조직들과 활성화된 X 염색체를 가진 조직들이 서로 다른 색깔을 나타낸다.

X 염색체의 불활성화는 세포 분열과 세포 성장을 통해 불활성화된 채로 남아 있기 때문에 세포의 기억(memory)에 대해 연구하는 데 좋은 모델이 된다. 이렇게 염색체 내 모든 유전자가 활성화되는 기작은 일종의 DNA 화학 변형이라고 생각된다.

키메라를 만드는 또 다른 방법 중 하나는, 생쥐의 초기 배아 두 개를 서로 융합하는 것인데 두 배아를 서로 밀어주면 된다. 그러면 세포들이 서로 섞여져 하나의 정상적인 생쥐가 발생한다. 그러나 두 배아가 전혀 다른 모계와 부계에서 왔다면 새로 만든 이 생쥐는 4명의 부모를 갖게 되므로 극히 정상은 아니다. 게다가 배아 하나가 까만 털을 만드는 유전자를 갖고 있고, 다른 배아는 그런 유전자가 없어서 흰털을 갖게 한다면 그 결과는 줄무늬 생쥐가 나올 것이다.

조절 유전자

앞서 특수 단백질과 필수 단백질을 이미 구별했지만(5장) 그들을 코드하는 유전자를 더 자세히 구별하는 것은 도움이 된다——즉 조절 유전자와 구조 유전자의 차이.

적혈구의 헤모글로빈이나 근육의 수축 단백질 같이, 세포의 생명에 중요한 역할을 하는 특수 단백질을 코드하는 것이 구조 유전자이다. 조절 유전자 산물은 다른 유전자를 조절하는 데만 관여하고 다른 어떤 기능도 갖지 않는다. 그런 유전자 중 하나는 마이오제닌으로 근육 발생 동안 유전자 한 세트를 활성화시킨다. 조절 유전자는 패턴 형성에 매우 중요하다.

3장에서 지적했듯이 우리와 침팬지와의 차이는 세포 종류가 다른 것이 아니라 그 공간적인 구성에 차이가 있는 것이다. 이런 관점은 분자 수준의 연구에서 더 강력한 지지를 받는데 침팬지나 사람에서 세포 모양을 특정짓는 단백질은 매우 비슷하다. 침팬지와 사람의 차이는 이런 단백질의 차이로는 설명할 수 없다. 차라리 이런 차이는 공간적 구성을 조절하는 단백질과 조절 유전자에서 찾을 수 있을 것이다. 이런 연결은 초파리를 연구하여 가장 잘 이해할 수 있다.

7

유전자와 파리

토머스 헌트 모건(Thomas Hunt Morgan)은 초파리 유전학이 발생을 이해하는 데 지대한 영향을 주는 것을 알고 매우 즐거웠다. 미국인인 모간은 20세기초에 발생과 재생에 대해 초기 연구를 했고, 농도구배(gradient)가 어떻게 패턴화를 조절할 수 있는지에 대한 아이디어를 명확하게 주창한 첫 번째 사람이었다. 사연인즉, 그는 배아발생의 문제점이 너무 어려워서 유전학으로 눈을 돌리고 그 모델로서 초파리를 사용하기로 결심했다.

그의 연구들은 유전학에 혁명을 일으켰다. 유전자가 배아의 초기 패턴화를 조절하는 방법을 초파리 연구로 설명할 수 있으리라고, 그래서 농도구배와 유전자 사이의 관계가 맺어지리라고는 예견조차 못했던 것이다.

유전학과 배아학 연구의 결합으로 초파리(Drosophila)의 초기 배아 패턴화를 관장하는 조절 유전자를 확인하게 되었다. 이런 연구들로 초파리 수정란의 난할.

호메오박스(homeobox)라고 알려진 유전자의 한 부분을 발견하게 되었고, 이것이 사람을 포함한 다른 많은 동물에서 조절 유전자로 하여금 패턴을 조절할 수 있게 해준다.

많은 다른 동물과 달리, 초파리의 알은 둥글지 않고 길쭉한 원통 모양이다. 정자가 한쪽 끝으로 들어가면 난자의 핵과 정자의 핵이 융합되어 하나의 핵이 된다. 또 알은 일반적인 난할을 겪지 않고 대신 핵만 일련의 분열을 거듭하는데 약 8분에 한번씩 일어난다. 그 결과 2-3시간 내에 약 5000개의 핵들이 하나의 공통 세포질에 떠 있게 된다. 이 때가 되어야만 다핵을 가진 이 단세포가 핵 사이에 막을 만들기 시작하여 비로소 남부끄럽지 않은 다세포 배아로 된다.

낭배형성이 일어나고, 24시간 후에 배아는 체절화되고 먹이를 먹는 유충(feeding larva)으로 발생한다. 유충은 앞으로 출현될 파리의 기미를 조금 보여주는데 둘다 체절이 있다는 유사성이 있다. 유충의 한쪽 끝에는 머리가 있어 음식을 섭취한다. 세 개의 흉부 체절이 있고 이어 여덟 개의 복부체절이 있으며 끝부분은 꼬리 같은 구조로 된다.

흉부와 복부 구조의 차이는 아주 미세하여 강모(bristles)의 배열로 겨우 구별될 수 있을 정도이다. 초파리를 연구하는 학자들은 기형 동물에서 이러한 패턴을 구별하고 해독하는 기술이 대단하다. 유충은 먹이를 섭취한 뒤 번데기(pupa)가 되고 변태과정을 거쳐 하나의 초파리로 튀어나온다.

파리 성체도 다수의 반복적인 구조, 즉 체절로 되어 있다고 생각할 수 있다. 머리의 뒤쪽에는 세개의 흉부 체절이 있고 그 뒤에 여섯 개의 복부 체절이 있다. 흉부 체절에는 날개와 다리가 있다. 파리의 기본 구조는 체절이라서 실제는 머리조차도 체절로 되어 있으나 융합된 것이다. 체절은 매우 유사하기도 하나 또한 서로 매우 다르기도 하다. 이런 분명한 파라독스를 이해하는 것이 초파리 발생의 핵심이다.

배아 체절화와 배아 패턴화

체절은 초파리 발생의 기본이다. 최근에 발견된 중요한 것 중 하나는 세포막이 핵을 둘러싸기 전에 배아 내에 이미 체절의 경계가 존재하고 있다는 것이다. 이는 전혀 예상 밖의 일로, 단일 세포 안에 기본적 체절 패턴이 있으리라고는 아무도 기대하지 못했던 것이다. 어떤 돌연변이는 유충의 체절 패턴에 영향을 준다.

예를 들어 소위 쌍-지배 유전자인 헤어리(*hairy*)와 후시 테라주(*fushi terazu*)의 돌연변이는 체절을 하나씩 걸러 소실시킨다(관대하게 말하자면 유전자의 명명이 조금 색다르다). 초기 배아에서 이 유전자들이 언제 어디서 발현되는지를 찾아내려고 노력하는 것은 당연한 일이다. 놀라운 것은 세포막이 형성되기 전과 배아가 아직 단일 세포로 있는 동안, 이 유전자들이 줄무늬 모양으로 활성화된다는 것이었다.

유전자는 활성화되어 알의 장축에 대해 핵들이 직각으로 열을 형성하여 체절 경계를 만들어 아름다운 줄무늬 같은 패턴을 만든다. 이것은 초기에 약 네 개 세포의 넓이로 일곱 개의 줄이 있다가 열네 개로 다시 나누어져 명백한 체절이 된다.

이런 줄무늬 패턴은 마침내 몇몇 연구자들로 하여금 마치 반응-확산계에서 파도의 파고처럼(3장), 반복적인 패턴을 형성하는 기작에 의해서 만들어졌다고 추측하게 이끌었다. 그러나 파리는 놀라움 투성이다. 왜냐하면 모든 증거로 볼 때, 쌍-지배 유전자보다 훨씬 먼저 작용하는 유전자들의 작용에 의해서 각 줄은 따로따로 지정되어 있고 서로 독립적이라는 것을 지정하기 때문이다. 이는 배아의 주축을 따른 초기 패턴 확립과 관계가 있다. 가장 중요한 것 중 하나는 배아의 앞 끝 패턴화에 관련된 바이코이드(*bicoid*) 유전자이다.

어떤 끝이 머리가 되고 어떤 끝이 꼬리로 될지를 말하는 배아의 극성은 모체 파리 안에서 발생될 때 이미 새겨지며 특수한 세포질이 장차 앞쪽 끝이 될 부분에 위치한다. 이 특정 세포질 내에는 바이코이드(*bicoid*) 유전자에 의해 암호화되는 단백질을 합성하는 정보가 있다. 산란시 바이코이드(*bicoid*) 단백질이 앞 끝에서 합성되기 시작하여 점점 확산되기 때문에 앞 끝의 농도가 높은 아름다운 농도구배를 만든다. 이것이 아름다운 이유는 발생시 농도 차이가 패턴을 조절한다는 명확한 첫 증명이기 때문이다. 이런 농도 차이가 있음을 수년 동안 해석한 뒤, 마침내 사실이 밝혀졌다. 이런 농도구배가 머리와 가슴 사이의 경계 위치를 조절하고, 또한 배아 내 특정 위치에서 또

초파리 배아의 초기 단계에서 보이는 쌍-지배(pair-rule) 유전자의 활성.

다른 유전자를 활성화시킨다는 것이다.

정상 발생시 바이코이드 유전자 단백질의 역할이 그 유전자의 돌연변이 효과로 증명되었다. 정상적인 바이코이드 유전자가 없는 초파리 알은 앞 끝에 바이코이드 단백질이 없어서, 배아는 머리와 가슴이 없는 유충으로 발생한 것이다. 이때 알의 앞부분으로 앞쪽 세포질을 주사해주면 이 기형적 알이 정상화되고, 농도 차이가 회복됨으로 정상적인 발생이 다시 일어나게 될 것이다. 그러나 알의 중간 부분으로 주사하면 머리가 중간에서 발생하게 되어 이는 앞 끝에만 국한된 특이한 세포질이라는 것과 일치한다.

바이코이드 유전자는 알의 패턴화가 일어나는 동안에 처음으로 활성화되는 유전자 중 하나이다. 바이코이드 단백질은 다른 유전자들을 활성화시키고, 또 배아의 뒤쪽 패턴화에 관련된 한 세트의 유전자

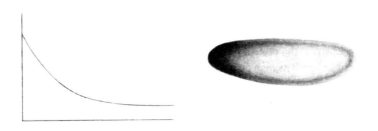

도 있다. 이런 유전자의 작용 결과, 특정 위치에서 쌍-지배 유전자를 활성화시키는 다양한 농도의 단백질 패턴이 배아 내에 생기게 된다. 그러면 줄무늬 패턴이 되고 체절 경계가 생긴다.

그리고 쌍-지배 유전자의 프로모터 지역이 인지하여 단백질 농도의 특정 패턴에 대해 반응하게 한다. 그러면 줄무늬들이 따로따로 구별될 수 있게 된다. 각 줄은 고유한 '주소'를 갖고 있다. 상세한 것이 계속 밝혀지겠지만 이런 순서가 아주 단순하다고 생각하는 것은 오산일 것이다.

배아는 일차원이 아니라 주축에 대해 직각인 등-배 축이 있어 전-후축과는 전혀 다른 한 세트의 유전자에 의해 조절된다. 또 다시 단백질의 농도 차이가 생기지만 이번에는 좀 다른 기작이 사용된다. 복부쪽에 특이 세포질이 있는 것이 아니라, 복부쪽 표면에 있는 세포막에 어떤 변화가 일어나, 등쪽 도설(*dorsal*) 유전자가 만드는 단백질의 농도를 차이나게 만드는 일련의 반응을 준비하게 한다. 그러면 등쪽 도설 단백질의 농도 차이는(복부 쪽이 높은) 세포핵에 갇히게 되어

등-배 축에 따른 도설(*dorsal*) 유전자의 농도구배.

서 축을 따라 패턴화를 일으키는 유전자를 직접 조절한다.

그 다음 등쪽 도설 유전자 산물의 농도 차이가 세포가 무엇을 할지를 직접 조절한다. 이때 세포는 농도가 높으면 근육을 만들고, 중간 농도에서는 신경세포를 만들며, 농도가 낮을 때는 표면세포를 만든다. 이것이 발생을 조절하는 위치 정보에 따른 농도구배의 가장 명확한 증명일 것이다.

최근에 초파리의 초기 발생을 유전자 활성이란 용어로 이해하게 된 것은 빛나는 성공담 덕분이다. 이는 아마도 발생 프로그램의 가장 좋은 예일 것이다. 그것은 스페만이 형성체를 발견했던(3장) 프라이버그(Freiburg)에서 그리 멀지 않은, 튜빙겐에서 연구하는 크리스티안 너슬라인 폴하르트(Christiane Nusslein-Volhard)의 대단한 공로 덕택이다.

그녀는 초기 발생을 조절하는 유전자를 동정하려는 데 많은 노력을 투자했기 때문에 성공할 수 있었다. 그녀의 실험은 약 50 가지인 이런 유전자의 대부분이 확인되었고, 이것이 유전자들이 서로 작용하여 초기 발생을 조절하는 방법을 알아낼 수 있는 가능성을 열어주었다. 이는 용감한 작업으로 결과가 이렇게 성공적일 것이라고는 그녀조차도 상상할 수 없었다.

패턴 형성 초기 유전자들의 작용과 상호작용이 초기 배아를 체절로 나뉘어지게 한다. 체절을 서로 다르게 만들어 각 체절이 유일한 개체성을 갖게 한다. 체절 개체는 소위 동렬(homeotic) 유전자로 불리는 다른 한 세트의 조절 유전자들에 의해서 최종적으로 특징지위진다. 동렬 돌연변이(이종 재생, homeosis)란 용어는 영국의 유전학자인 윌리엄 베이트슨(William Bateson)이 붙였는데, 이는 한 구조가 다른 구조로 바뀌는 과정을 설명하기 위해서이다.

동렬 유전자

초파리의 머리에서 촉각이 나오는 대신 다리가 나오게 만드는 돌연변이 유전자인 아리스타패디아(*aristapaedia*)가 있다. 이런 구조상 변화는 단 하나의 유전자 결함 때문이다. 파리의 한 구조를 다른 구조로 바꾸는 유전자 돌연변이는 상당히 많은데 이를 동렬성 돌연변이라고 한다. 예를 들어 어떤 동렬성 돌연변이는 다리를 촉각으로 대치시키거나, 또는 한 쌍의 날개가 더 생기게 하고, 또 어떤 것은 눈을 날개로 바꾼다. 동렬성 유전자의 정상 기능은 구조들이 제자리에서 발생하도록 하는 것이지만, 돌연변이는 이러한 구조들이 제자리가 아닌 곳에서 발생하도록 하는 것이다.

동렬성 유전자의 정상 기능에 대해 생각하는 한 방법은, 각 체절마

정상적인 초파리 머리(왼쪽)와 돌연변이 초파리 머리(가운데). 머리에서 촉각 대신 발의 구조가 명확하게 보인다.

다 위치값에 해당하는 고유번호를 부여하는 것이다. 체절마다 각기 다른 동렬성 유전자가 켜진다. 그래서 체절의 본성을 조절하여 날개나 다리 같은 구조가 발생할지를 조절한다. 각 체절의 특징을 보이는 모든 유전자들을 완전히 없애보면 이런 모델이 확실해진다. 이런 배아에서 발생한 유충은 모두 동일한 체절을 갖게 되는데, 이는 체절을 만들고 각각의 분리된 개체로 나누는 과정은 서로 다르다는 것을 보여준다.

그러나 독자적일 수도 있는 반면 서로 연결되어 있다. 이것은 체절을 형성하는 초기 배아 발생 동안 유전자 작용 세트가 정확한 체절 내에서 동렬성 유전자를 활성화해야 하기 때문이다. 그래서 동렬성 유전자 발현은 초기 발생시 복잡하고 긴 연쇄 상호작용 중 거의 끝에 일어난다.

흉부와 복부 체절에서 개별적 특성을 주는 이런 동렬성 유전자에는 놀라운 특징이 하나 있다. 이는 바로 염색체상의 유전자 순서가 체축을 따라 순서대로 활성화된다는 것이다. 유전자는 서로 뭉쳐 있어, 마치 흉부와 복부를 따라 연속적으로 활성화되는 것 같다. 염색체상에서 유전자들이 공간적 패턴과 그들이 만드는 구조 패턴이 서로 일치한다는 것은 정말로 경이로운 일이다.

유전사 작용과 세포 패턴화를 이해하는 데 어떤 일반적인 원리를 찾으려고 계속 노력하고 있는 중인데, 농도 차이가 통합된 기작이라고 생각된다. 그러나 많은 경우에, 작용하는 유전자 역할은 뜻밖이지만 '이 때문일 것이다' 라는 것은 명백하다. 한 놀라운 경우는 나노스 (nanos) 유전자로 그 단백질 산물이 배아의 뒤쪽 끝에 존재한다. 그 유전자는 복부 체절의 정상 발생에 꼭 필요하지만 간접적으로 작용한다.

나노스는 위치 정보를 주는 것도 아니고 국부 세포들을 특성화하지도 않지만, 그 기능은 단순히 복부 부분에 존재하는 다른 유전자들의 활성을 억제시키는 것이라고 판명되었지만 그런 기능을 예측할 수 있는 방법이 없고, 아마도 일반적인 원리에서부터 추론될 수 없을 것이다. 가정하건대 그 기능은 초파리의 진화 역사에 의해서 아직 밝혀지지 않은 방법으로 결정된다.

유전자가 발생을 조절하는 방법에 대한 최상의 모델은 초파리의 초기 발생이므로, 그 시스템의 기본적 특징 몇 개를 재생시키는 것은 한번 해볼 만하다. 배아의 경계와 주축을 확립하려면 극성이 초기에 만들어져야 한다. 즉 파리에서는 알이 만들어지는 모체 안에서 극성이 형성된다.

그리고 특수한 성질을 가진 세포질은 알의 끝쪽에 위치하여 위치 정보를 주는 농도구배를 형성하며, 또다른 종류의 농도구배가 등-배축을 따라 형성된다. 체축을 따른 농도 차이는 특정 농도에서 특정 유전자를 활성화시키고, 이 유전자들이 차례로 단백질을 만들어 다른 유전자들을 활성화시킨다. 유전자는 공간적으로 그리고 시간적으로 단계적인 활성화를 보인다.

여기서 활성을 갖는 초기 유전자들은 꽤 넓은 영역에서 작동하고 후기 유전자의 활성을 조절하는데, 후기 유전자들은 활성 영역이 점점 국한되어 체절 형성을 이끈다. 이때 이 계급 조직의 바닥에 있던 동렬성 유전자가 특정 체절 내에서 작동되면, 자기 체절 안에서 새 계급 조직의 꼭대기에 있게 되어 자기 체절 내 활성들을 조절하게 된다고 생각할 수 있다.

촉각과 다리

동렬성 유전자의 돌연변이, 즉 촉각 대신 다리를 만드는 작용은 밝혀지지 않았다. 그러나 적어도 몇 개의 원칙으로 이 문제를 다소 고상하게 설명할 수 있다. 닭의 발생에서 다리와 촉각은 위치 정보가 같은 날개나 다리와 비슷하다고 판명되었다(4장). 촉각과 다리의 차이점은 그 위치 정보가 해독되는 방법이다.

예를 들어 깃발 발생에서 유추하여 이런 결론을 설명할 수 있다. 이 때에는 프랑스기와 미국기 두 개를 사용해야 한다. 두 국기는 빨강, 파랑, 흰색만 있으면 된다. 이때 두 개의 국기를 만드는 위치값이 같으면, 이 번호를 해독하는 방법에만 차이가 있어 예측이 명백하게 된다.

즉 발생 중인 미국기의 한 작은 조각을 발생 중인 프랑스 국기로 이식할 때, 새로운 위치값을 얻어야 하고 마치 아직도 미국기 내에 있는 것처럼 해독해야 한다. 그래서 미국기의 일부를 프랑스기의 맨 왼쪽 꼭대기에 넣으면 별들의 조각이 생기고, 오른쪽 맨 밑바닥에 넣으면 줄무늬 조각이 생길 것이다. 세포들은 이렇게 자기들의 위치에 해당하는 유전적 구성에 따라 발생해야 한다.

초파리에서 정상적인 촉각을 형성하는아리스타패디아 (arista-paedia) 조직에 바로 이런 종류의 이식을 하였다. 이 경우 유전학적 기술을 이용하였지만 효과는 원칙적으로 똑같았다. 이 실험의 결과, 돌연변이 세포들이 국기모델에서와 같이 자신의 위치에 따라 발생했다는 것은 매우 인상적이었다. 세포가 촉각 끝에 있으면 다리의 발톱을 발생하고, 다른 끝에 있으면 넓적다리 부분을 형성할 것이다.

그리고 자기의 위치에 해당하는 유전적 구성에 따라 발생한다. 촉각과 다리의 위치 정보가 같아서 촉각이 다리를 만드는 것은 이 위치 정보가 해석되는 방법이라는 것이 명확한 결론이다. 그러므로 각 체절 내 어떤 동렬성 유전자가 켜지느냐에 따라 그 해석이 전혀 달라지는 것이다.

눈과 7번 세포 상실

파리의 발생에서 일어나는 모든 상호작용이 주축 형성시의 상호작용과 비슷하다고 생각하는 것은 오산이다. 대부분의 상호작용들은 초파리에서 낱눈 형성 과정.

아주 국부적이고 농도 차이와는 관계가 없다. 이 문제는 럭비 경기에서 스크럼을 짤 때 각 선수들의 위치를 지정하는 것과 다소 같다.

눈의 기본 단위 발생시 이 같은 문제가 나타난다. 비교적 단순한 기본 단위 하나가 수백 번 반복하여 파리의 눈을 만든다. 낱눈 (ommatidium)이라는 이 기본 단위 자체는 빛에 반응하는 8개의 세포로 구성되어 있고, 주변의 12개의 지지세포가 있다. 빛에 반응하는 광수용체(photoreceptor)를 보유하는 8개의 세포는 각 낱눈마다 질서 정연하고 뚜렷한 패턴을 갖고 특유한 질서에 따라 발생한다. 각 광수용체는 각자의 위치를 하나씩 차지하고 있어 R1, R2, …… R8로 이름붙였다. 그러나 이 8개의 세포들은 어떤 방법으로도 계보와 관련되지 않아서, 문제는 이렇게 질서정연한 배열을 만들기 위해 세포 사이에 어떤 종류의 상호 작용이 일어나느냐이다.

첫 번째 모델은 세포 사이의 매우 특별한 신호들에 의해서 이 패턴이 형성된다는 것이다. 발생 초기 세포에서 나오는 아주 국부적이고 특정한 신호들이, 발생 후기의 세포에게 무엇을 해야할지를 알려주어야 한다면 무엇이 필요할까? 신호들은 매우 좁은 범위에서만 발현되므로, 아마도 세포막이 서로 접촉하는 세포들 사이에서만 전달될 것이다.

이 상호작용에 관련된 실마리를 주기 시작한 것은 돌연변이였다. 가장 흥미로운 것 중 하나는 돌연변이 유전자 세븐리스(*sevenless*)로 8개 세포 중 단 하나의 세포인 R7이 발생하지 못하게 한다. R7의 발생이 실패하는 것은 신호가 없기 때문이 아니라 신호에 반응할 수 있는 세포 내 무엇인가가 없기 때문이다. R7이 발생하는 데 꼭 필요한 이 신호는 R8에 의해 만들어지는 것 같다. 세븐리스 유전자의 신호를 받아 어떤 단백질을 만든다면, 그 신호를 암호화하는 유전자를 세븐리스의 '신부'라고 부르는 것이 터무니없지만은 않다. 그런 면에서 적어도 R7에 대해서는 운이 좋아서, 그런 종류의 유전자 하나가 이미 확인되었다.

낱눈 발생은 좁지만 질서정연한 패턴을 만드는 세포 상호작용과 세포 반응을 보여주는 좋은 예이다. 모든 신호와 반응 요소들이 곧 확인되리라 희망한다. 그렇게 되면 작지만 복잡한 패턴을 만드는 데 얼마나 많은 신호들이 관련되어 있는지 또 어떤 규칙들이 있는지도 알게될 것이다. 척추동물에서 세포의 성장을 촉진하는 인자들과 같은 이들 신호 분자들은 이미 전혀 다른 시스템에 관련된 신호분자들과 유사하다는 암시가 있다.

호메오박스

초파리의 초기 발생을 규명하는 데 성공 여부는, 주로 유전자를 분리해내어 세밀하게 연구할 수 있는 분자생물학적 기술에 달려 있다.

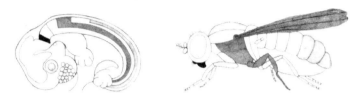

생쥐와 초파리에서 보이는 호메오박스 유전자의 발현. 호메오박스내 유전자의 위치와 개체내 기관 발생의 위치는 서로 대응한다.

일단 유전자를 분리하면 4종류의 핵산으로 된 DNA 서열을 결정할 수 있고, 각각이 만드는 단백질도 알아낼 수 있다. 파리의 초기 발생을 조절하는 어떤 유전자의 서열을 비교했더니 전혀 예상치 못했던 특징이 드러났다.

많은 유전자들은 약 180개의 핵산으로 짧고 비슷한 서열로 된 호메오박스(homeobox)를 하나씩 가지고 있었다. 하지만 호메오박스 나머지 유전자들의 서열은 서로 매우 달랐다. 이렇게 매우 비슷한 핵산서열이 있다는 사실은, 진화가 일어나는 동안 이 서열이 과거처럼 왜 보존되어 왔을까 하는 의문을 갖게 한다. 이는 모든 유전자에서 이 서열이 매우 중요하고 어떤 비슷한 역할을 하고 있음을 강렬하게 암시한다.

현재 모든 증거로 볼 때, 이 호메오박스가 DNA와 결합하는 단백질의 부분을 암호화함으로써 다른 유전자 활성 조절에 관련이 있는 것 같다. 아직도 많은 발생학자들은 일반적 원리가 있으리라 기대한다. 곤충 발생시 패턴 형성을 조절하는 유전자에도 호메오박스가 잘 보존되어 있기 때문에, 호메오박스가 다른 생명체의 유전자에서도 발견되리라는 희망을 갖게 한다.

이런 낙관론은 적중하여 벌레, 성게, 닭, 생쥐, 사람에서 호메오박스를 보유하고 있는 유전자가 발견되있다. 세나가 이런 호메오박스를 포함하고 있는 유전자들은 생명체들의 발생에 있어서 근본적인 역할을 하는 것 같다. 이는 위치를 분자로 표시할 수 있다는 흥분할 만한 가능성을 준다.

예를 들어, 초기 생쥐 배아에서 호메오박스 유전자 발현 패턴은 신체의 주축에 따르는 명확한 패턴을 가지고 있다. 어떤 것은 앞부분에서만 발현되고 다른 어떤 것은 뒷부분에서만 발현된다. 무엇보다 기쁜 것은, 파리 배아 내 여러 위치에서 발현되는 유전자들이 생쥐 배아의 유사한 곳에서도 발현된다는 아주 좋은 증거가 있다.

예를 들어, 파리의 앞쪽 끝에서 발현되는 유전자는 생쥐의 앞쪽 끝에서 발현되는 유전자와 밀접한 관계가 있다. 생쥐 사지 발생에서 호메오박스 유전자 발현 중 한 패턴을 보면, 위치 정보를 지정화하는 데 이 유전자들이 관련되었음을 확신할 수 있다. 또한 초파리에서와 같이 염색체상 유전자의 순서는 배아에서의 발현 순서와 일치한다.

인간과 명백하게 거리가 먼 초파리와 같은 동물들에 관한 연구가, 즉 발생 기작을 연구하는 데 어떻게 기본적인 실마리를 제공하는지에 대한 연구는 호메오박스를 포함하고 있는 유전자가 훌륭한 예가 된다. 발생 중인 배아에서 1차적인 공간 패턴을 만드는 데 호메오박스를 보유하는 유전자가 관련되어 있는 증거들은 원시적이나마 축적되고 있는 중이며 앞으로도 계속 나올 것이다.

8

회로망인 뇌

신경세포인 뉴런(neuron) 수 십억 개가 서로 연결되어 의식, 언어, 감정 등 인간으로 만들어지게 한다. 신경계는 가장 복잡한 기관이지만, 그 발생은 기본적으로 다른 기관 발생에 관련된 세포 활성과 똑같다. 신경계는 여러 가지 모양의 뉴런들이 만든 회로망이기 때문에, 중요한 문제는 어떻게 뉴런이 올바르게 연결되는가이다. 뇌의 어떤

뉴런의 다양한 모양.

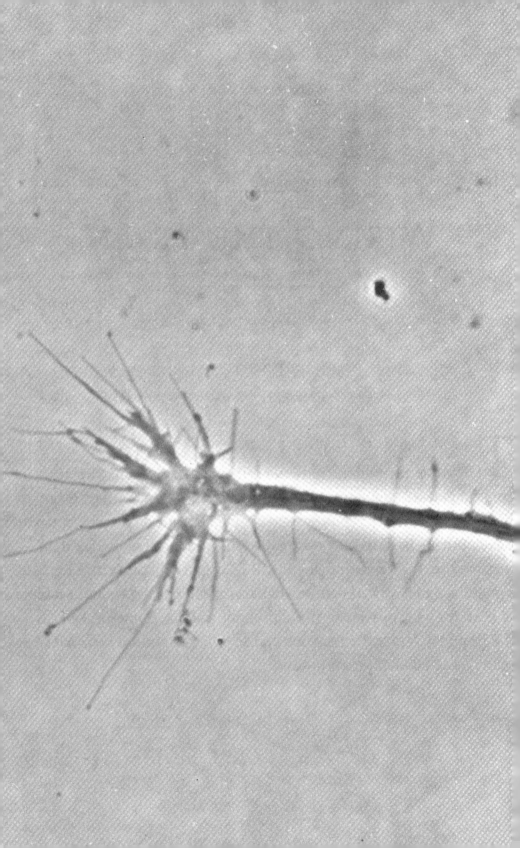

신경세포는 가지가 많이 뻗어나가 하나의 뉴런이 10만 가지나 되는 여러 가지 많은 자극을 받을 수 있다.

이동과 연결

뉴런의 이동과 성장은 서로 연관되어 있어 뉴런을 연결시키는 기본이다. 발생 중인 뉴런이 뇌나 척수의 적절한 자리에 일단 도달하면, 신호를 전달하는 축색(축삭, axon)을 먼저 만들어내기 시작하고 나중에 다른 세포로부터 신호를 받는 수상돌기(dendrite)를 만든다. 주된 돌기인 축색을 형성하는 첫 단계는 성장 원뿔(성장추체, growth cone)을 발생시키는 것이다. 즉 긴 손가락을 많이 가지고 있는 손처럼, 이것이 주변을 조사하기 위해 돌기를 내보낸다. 마치 성게 세포의 사상위족같이(2장), 이런 돌기들은 계속해서 밖으로 뻗기도 하고 위축되기도 하는데 위축은 밖으로 뻗은 돌기들을 잡아당긴다.

이 성장 원뿔은 역동적인 구조로 그 긴 돌기들이 주변을 조사하며 종종 빗나간 방향으로 이동하기도 하지만 결국 바른 연결이 이루어지는 곳으로 축색을 이끈다. 그러나 최근에 성장 원뿔이 빗나간 지역에 닿으면 붕괴된다는 사실이 증명되었다. 또한 이 성장 원뿔은 화학 농도가 증가하는 방향, 곧 자기가 붙을 곳으로 움직일 것이라는 증거도 있다.

메뚜기와 닭의 배아 사지는 행로 선택과 행로 안내를 설명하기에

◀ 뉴런의 성장 원뿔.

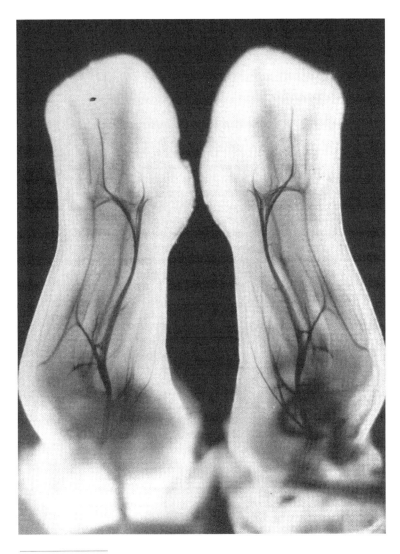

병아리 배아 사지에서 보이는 좌우의 신경 패턴.

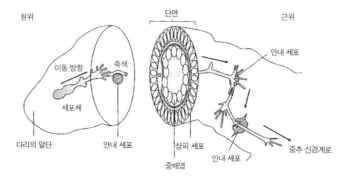

원위　　　　　　　　　　단면　　　　　　　　　　근위

이동 방향　　축색

세포체

안내 세포

다리의 말단　　안내 세포　　상피 세포　　안내 세포　　중추 신경계로

중배엽

메뚜기 다리에서 보이는 감각신경의 성장과 안내.

좋은 예이다. 메뚜기의 경우, 사지 끝에서 나오는 감각 충격(sensory impulse)을 중추 신경계로 보내는 뉴런은 사지 끝에서 나온다. 이런 감각신경의 축색들은 중추신경복합체(central neural complex) 내의 뉴런과 연결되기 위해서 배아 사지의 뒤쪽으로 자라난다. 그 경로는 지그재그하다고 표현하는 것이 타당하다.

　여기서 제일 처음 축색은 선구자라고 알려졌는데, 그 이유는 뒤이은 축색들을 안내하여 따라오도록 길을 표시하기 때문이다. 선구자 축색은 자기 자신의 길을 찾아야 하기 때문에 도중에 있는 특정 세포들을 디딤돌로 사용한다. 그리고 선구자격인 성장 원뿔은 탐험하듯이 길고 가는 돌기들을 내보기 시작하는데, 돌기 중 어떤 것은 첫 디딤돌에 닿을 만큼 길고 접촉이 안정되어 사상위족을 뻗거나 수축하여 그쪽으로 축색이 끌려간다. 성장 원뿔이 다음 디딤돌을 찾으면 이런 과정이 반복되어 결국 중추신경계가 완성된다.

여기서 만약 레이저 광선으로 디딤돌 세포를 파괴하면 예상대로 그 효과를 볼 수 있다. 즉 성장 원뿔은 자기 길을 찾지 못해 목표 없이 여러 방향으로 방황하게 될 것이다.

메뚜기의 또 다른 부분에서는 뉴런이 자라도록 디딤돌이 안내 역할을 하지 않는다. 이 경우는 아래층 세포의 응집력 차이가 있어서 세포들이 점점 더 응집 지역으로 이동하여(2장의 성게에서처럼) 가장 안정된 접촉을 만드는 것 같다. 이렇게 종종 잘못된 단계들이 일어나긴 하지만 결국은 고쳐진다.

닭에서 척수 뉴런의 축색들이 사지싹으로 돌진할 때, 이 때쯤이면 사지 발생이 이미 이루어졌기 때문에 사지싹 세포들로 가득찬 광범위한 지역을 수색한다. 닭의 사지는 메뚜기의 사지와는 달리, 뚜렷한 디딤돌이 없어 뉴런은 경로 선택의 폭이 훨씬 더 넓어진다. 축색들은 규정된 행로를 잘 따라서 처음에는 함께 가다가 나중에 적당한 곳에서 갈라진다. 여기서는 비교적 실수가 일어나지 않는다.

닭의 경우 사지로 들어가 근육과 연결될 운동신경(motor neuron)에, 선택이란 마치 출구가 많은 다차선 고속도로에서 운전하는 운전자가 선택해야 하는 상황과 같다. 그렇다면 어떻게 축색이 선택해야 할 행로를 알 수 있을까? 이를 알아내는 방법 중 하나는, 뉴런이 잘못된 경로를 따라 사지로 돌진하게 만드는 것이다.

그러면 그 다음에 자기들의 경로를 찾아낼 수 있을까? 아니면 뉴런이 자라기 전에 사지싹 반대에 있는 척수의 한 조각을 제거하여 방향을 바꾸어놓는 실험을 수행한다. 이런 방법으로 사지의 앞 가장자리 근처에서 근육과 연결하기로 되어 있는 뉴런들은 대신에 사지 뒷부분에 있는 근육과 연결되는 행로를 취한다.

반대로 뒤쪽 근육으로 가기로 된 뉴런에 대해서도 마찬가지이다. 거꾸로 된 신경관의 부분이 너무 넓지 않고 뉴런이 원래 바른 경로와 그리 멀리 떨어져 있지 않다면, 뉴런은 정확한 근육으로 자기 길을 찾아갈 수도 있다. 그러나 이탈이 너무 심하면 뉴런은 잘못된 근육과 연결될 것이다.

이렇게 정확한 경로나 근육을 찾는 능력에는 한계가 있어서, 전혀 연결이 안 되기보다는 잘못된 근육이라도 연결될 것이다. 신경 경로는 그 경로상에 존재하는 특정 분자에 의해서 선택되고, 근육은 그 자체의 특정 분자에 의해서 선택된다고 생각된다. 이 특정 분자들은 아직 확실하게 밝혀지지 않았다.

눈에서 뇌까지

눈의 망막에 생기는 상(image)은 시신경에 의해서 뇌로 전달된다. 시신경은 망막의 뉴런에서 나오는 수 백만 개의 축색으로 되어 있고, 이 축색들은 뇌의 연결 패턴을 매우 특이하게 만든다. 이는 다소 텔레비전 케이블 같아서 시신경은 상을 뇌로 전달하고 상이 일그러지지 않도록 뇌와 잘 연결되어 있다. 이런 질서정연한 연결은 1943년 미국의 신경 생물학자이며 노벨상 수상자인 로저 스페리(Roger Sperry)에 의해 처음으로 발견되었다. 그는 개구리의 뇌와 눈 사이의 연결에 대해 연구하였다.

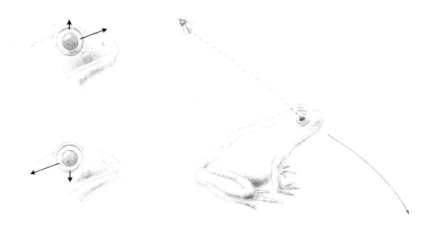

눈을 180° 회전시킨 개구리의 파리 잡는 행동. 머리 위로 날아가는 파리를 잡으려는 이 개구리는 머리를
아래쪽으로 움직인다.

개구리의 시신경은 시개(optic tectum)라고 알려진 뇌의 부분과 연
결되어 있다. 개구리는 파리를 잡아먹기 좋아한다. 만일 개구리가 자
기 머리 바로 위에서 파리 한 마리를 발견하면, 머리를 들어서 잡으
려고 시도하는 것이 당연하다. 스페리는 개구리의 눈과 뇌 사이의 시
신경을 끊은 다음 눈을 180도 돌려서 완전히 거꾸로 놓았다.

이 절단된 시신경은 망막에서 시개로 다시 자라게 되어, 새로운
신경 연결 한 세트가 만들어졌다. 파리 한 마리로 그 개구리를 테스
트하면, 개구리는 마치 위와 아래가 바뀐 것처럼 행동했다. 자기 머
리 위에 있는 파리를 잡기 위해 개구리는 머리를 아래로 움직여 파
리에서 더 멀어졌다. 이런 부적당한 행동을 바꿀 수 있는 방법은 없

었다.

이런 개구리의 반응은 망막세포가 자신의 원래 시개(tectum) 자리에서 다시 자랐다고 설명할 수 있다. 그러나 눈이 거꾸로 형성되었기 때문에 망막에 생긴 이미지는, 파리가 머리 밑에 있을 때 자극받았던 뇌의 부분으로 전달되었다고 설명할 수 있다(반대로 사람은 거꾸로 된 세상에서 사는 것을 매우 빨리 습득할 수 있다. 형을 거꾸로 형성하는 안경을 쓰면 익숙하게 되는 데 다소 시간이 걸리지만, 결국 좁은 길을 따라 자전거를 탈 수도 있게 된다).

개구리의 경우 망막의 특정 부위에 가는 빛의 광선을 조사한 뒤 시신경에서 나오는 충격 도착에 의한 전기적 활성을 뇌에 기록하면 망막과 뇌 사이의 연결 지도가 만들어질 수 있다. 곧 시신경이 뇌에 도착하는 곳이 시개이고, 망막상의 자극 부위와 시개의 반응 부위는 일대 일의 대응관계에 있다. 예를 들어 빛의 조사점이 망막의 꼭대기에서부터 밑으로 이동할 때 전기적 활성이 시개의 한 부위에서 다른 부위로 이동하고, 망막이 받는 자극을 시개에 정확히 지도로 나타낼 수있다.

개구리의 시신경을 자르고 눈을 돌리는 실험에서 시신경과 시개 사이의 연결을 지도로 나타내면, 시신경은 자기 원래 자리로 다시 자랐다는 것이 확실해진다. 이는 마치 닭의 사지 내로 들어가는 뉴런이 자기에 맞는 근육을 찾을 수 있는 것과 같다. 스페리가 제안한 그럴 듯한 가설은 화학-친화성(chemo-affinity)으로, 뉴런들은 본질적으로 서로 달라서 자기 표면에 세포응집분자 같은 화학적 이름표를(2장) 가지고 있어 시개상의 적당한 뉴런과 짝을 맺게 한다는 것

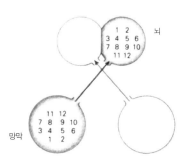

뇌

망막

뇌와 망막의 연결 관계. 뇌의 반을 제거하고 시신경을 잘라내면 모든 시신경들이 뇌의 반과 연결된다.

이다.

이는 사실상 열쇠 · 자물쇠 기작으로 뇌와 연결될 때 시신경 내 한 뉴런이 다른 뉴런을 서로서로 찾을 수 있게 한다——군중 속에서 단 하나의 얼굴을 알아보듯이——. 그러나 이런 매우 특이한 열쇠 · 자물쇠 가설은 큰 어려움에 봉착했다. 그 이유는 뉴런은 어떤 면에서는 사교적이라 오히려 상대를 가리지 않기 때문이다.

여기에 망막과 시개의 크기 차이가 있을 때 무슨 일이 일어나는지를 알 수 있는 실험이 하나 있다. 만일 뇌의 반을 제거하고 시신경을 잘라내면 무슨 일이 일어날까? 먼저 열쇠 · 자물쇠 기작에 맞추려면, 남아 있는 시개의 반하고 원래 연결되었던 뉴런들만이 연결을 하고 파트너가 없어진 나머지는 연결하지 못할 것으로 예측된다.

뉴런들은 기대했던 패턴으로 접속하면서 재생되기 시작하지만, 시간이 지남에 따라 변하여 시신경에서 나오는 모든 뉴런들이 시개의 반과 연결된다. 이렇게 되기 위해서 정상적으로 연결되었던 뉴런들은 시개의 반과 새로운 자리로 압착된다. 그 결과, 망막이 다소 정상적으로 시개상에 지도를 만들고 뉴런은 전혀 새로운 파트너와 연결된다.

이 결과는 엄격한 선택성이 결핍되었다는 것을 설명해준다. 이는 사지에서 우리가 이미 보았듯이, 뉴런이 신경을 분포시켜야 하는 근육과 너무 멀리 있을 때 다른 근육과 연결되는 것과 같다.

앞서 논했던 실험과 비슷하다고 화학-친화성을 완전히 무시해서는 안 된다. 차라리 자물쇠-열쇠가 아닌 다른 모델을 세워야 한다. 뉴런 표면에는 응집력에 영향을 주는 분자들을 가지고 있고, 이 응집력은 시개 전체 표면에 농도가 다르게 되어 있다고 생각하는 것이 더 적당하다. 시신경과 이웃관계를 유지하기 위해 무엇인가가 여기에 더해져야 한다. 즉 뉴런은 똑같은 이웃관계를 유지하려 노력하는 것처럼 보여서 이것이 지도를 그리는 순서를 도와준다.

그 뒤 뉴런은 동시에 두 가지를 하려고 노력한다. 뉴런은 가능한 응집력을 강하게 하려고 할 뿐 아니라 서로의 관계도 유지하려 한다. 이 절충안이 연결 순서를 정한다. 이 모델이 사실이라면 신경의 연결 순서를 정하는 것은 농도 차이나 응집력 기작과 더욱 밀접한 관계가 있다. 신경계만큼이나 복잡한 기관의 발생 양상도, 배아의 다른 부분 발생과 관련된 것처럼 보이는 세포 활성이란 용어로 이해될 수도 있다고 충분히 생각할 수 있다.

뇌의 패턴화

뇌와 척수는 신경관에서 발생되는데, 신경관은 낭(장)배형성(gastrulation)이 유도된 후(3장), 신경형성기(2장) 동안 편평한 한 층의 세포에서부터 발생한다. 이 단일 세포층이 뇌 안의 복잡한 세포층을 형성한다. 뉴런은 신경관 안에서 줄기세포를 닮은 세포로부터 만들어지는데, 피부에서와(6장) 다르지 않은 방법으로 만들어진다.

예를 들어 관의 내부 표면에 있는 세포들은 계속 분열하며, 만들어지는 세포들은 멀리 이동하여 뉴런이 된다. 뉴런 자체는 절대 분열하지 않기 때문에 단지 더 많은 가지를 내거나 길이를 신장하여 성장한다. 어떤 종류의 뉴런이 발생하는지는 주로 뉴런이 태어나는 시기에 따라 결정된다.

대뇌 피질은 보다 높은 정신적 기능을 하는 뇌의 한 부분이다. 사람의 대뇌피질은 뇌 신경의 3분의 2를 가지고 있어 사람을 다른 종과 구별짓는다. 각각의 부위는 감각 정보를 가지고 있거나 운동 활성을 조절하거나 언어 습득과 공간 지각에 관련되어 있다. 이런 모든 기능은 수백만 개의 신경 회로망에 의해서 수행된다.

피질은 기본적으로 층으로 되어 여러 층이 각각 특이한 종류의 세포를 가지고 있다. 즉 피질의 어떤 층은 피라미드 모양의 신경세포를 가지고 있는 반면, 다른 층에서는 모양이 전혀 다르다. 각 층의 세포들은 특수하게 연결되어 있고 다른 층의 세포들하고도 연결되어 있다.

피질의 패턴화는 주로 뉴런의 탄생일에 의존한다. 이것이 뉴런의

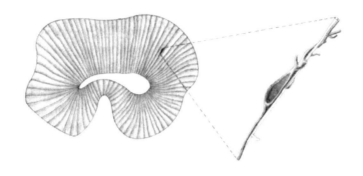

피질 뉴런의 발생. 신경교세포의 안내를 받아 뉴런이 생성된다.

발생 경로를 결정짓는 것 같기 때문이다. 뉴런은 생일이 명확하다. 생일이 있는 것은 뉴런으로 되기 전 마지막 분열이 일어나는 시기로, 뉴런으로 일단 분화되면 더 이상 분열하지 않기 때문이다.

피질 내 신경층의 순서도 자기들의 생일과 일치한다. 이는 다음과 같은 방법으로 일어난다. 신경관에서 뉴런으로 발생할 최초의 세포는 관의 안쪽 표면 근처에 자리잡고 있다. 세포는 분열해서 딸세포 중 하나가 뉴런으로 분화된다. 세포는 원래 자리에서 다른 층(바깥) 쪽으로 이동하지만 조금만 간다.

나중에 탄생된 뉴런들이 차라리 더 멀리 이동하고 먼저 만들어진 것들을 추월하여 바깥쪽 표면에 더 가까이 가기도 한다. 이처럼 나중에 만들어진 뉴런이 더 멀리 이동하므로, 가장 어린 세포들이 먼 거리를 여행하여 가장 밖에 머물게 된다. 뉴런들은 이동시 특수한 지지세포인 신경교세포(glia)의 안내를 받는다.

릴러(*reeler*) 유전자 돌연변이 생쥐에서 뇌의 비정상적 형태 발생. 결과적으로 비틀거리며 걷는다.

신경교세포는 안쪽 표면에서부터 바깥쪽 표면에까지 걸쳐 있는 매우 긴 세포인데 이동하는 세포는 이 신경교세포에 붙어서 사람이 로프를 타는 것처럼 함께 움직인다. 그리고 난 후 세포는 줄기세포와 한 줄로 남게 되어 공동의 가계도를 형성한다.

돌연변이 생쥐인 릴러(*reeler*)에 대한 한 연구는, 발생 경로를 결정하는 데는 생일이 중요하고 층에 있는 세포의 특성도 중요하다는 증거를 제시한다. 그 이름이 내포하듯이 이 생쥐는 가장 볼품 없이 비틀거리고 돌면서 걷는다. 발생 중에 뇌에서는 릴러 유전자 내 돌연변이가 세포의 이동을 부정확하게 한다.

세포의 순서가 거의 역전되어 오래된 세포가 이동하고 나중에 만들어진 세포가 안쪽 표면에 남는다. 이런 기형적인 이동에도 불구하고 세포는 자기의 새 위치에 따라서 분화되지 않고 자기 출생시 분화를 고집한다. 세포는 만약 가장 오래된 세포가 잘못된 곳에 있더라도 피라미드 세포로 발생된다. 잘못 위치한 세포들은 자기가 원래 정확한 자리에 있었다면 만들었을 연결을 만들려고 노력하지만, 릴러 생쥐의 경우 결과는 비정상적인 걸음걸이다.

뇌의 패턴화를 조절하는 유전자들이 확인되기 시작했다. 발생 중인 신경계를 따라, 특정 위치에서 다수의 호메오박스 유전자(7장)들은 활동적임을 볼 수 있는데 이들이 위치 정보를 반영할 가능성이 매우 크며 관련된 다른 유전자들도 곧 빛을 보게 될 것이다.

예를 들어, 세포외 물질과 관계 있는 단백질을 만드는 유전자는 소뇌를 지정하는 데 중요한 것 같다. 바로 이 유전자가 결핍된 유전자 변형 생쥐는 소뇌가 발생하지 못한다. 특정 유전자가 없거나 혹은 새로운 유전자를 포함하고 있는 유전자 변형 생쥐는, 유전자가 발생을 조절하는 방법을 알아내는 데 매우 강력한 기술 중 하나인 것이다.

세포의 죽음

세포의 죽음은 신경의 발생시 거의 일정하게 일어난다. 신경계의 발생 중 거의 모든 부분에서 너무 많은 뉴런들이 만들어지므로 과잉의 신경들은 죽는다. 예를 들어, 닭에서 사지싹으로 처음에 들어가는 운동신경의 거의 반이 5일 이내에 죽는다. 또한 뉴런이 들어가기 전에 사지싹을 제거하면 척수에 있는 거의 모든 운동신경들이 죽는다. 즉 다른 사지싹을 배아 내로 이식하는 보충 실험에서 죽었어야 할 운동신경 일부가 소생된 것이다.

과잉 생산 후 선택적으로 세포가 죽는 깃은 작전으로 신경 회로망 건설에 유리하다. 예를 들어 뉴런의 수와 자기들이 연결할 뉴런의 수가 일치해야 할 필요는 없다는 의미이다.

그렇다면 어떤 뉴런이 생존하고 어떤 뉴런이 죽게 될지를 결정하는 것은 무엇일까? 대답은 연결에 성공하는 뉴런이 생존하게 된다는 것이다. 이는 연결이 이루어지는 자리에서 분비되는 화학인자 때문이다.

인자들

뉴런이 닿는 지역에서는 뉴런의 생존에 꼭 필요한 화학물질이 분비된다. 이 친뉴런성(neurotrophic)이라 불리는 물질은 다소 간접적인 방법에 의해 처음으로 발견되었다.

1948년 미국 배아학자인 빅터 햄버거(Victor Hamburger)의 한 학생이, 생쥐의 종양을 닭의 배아로 이식하면 감각 뉴런이 그 종양을 침범한다는 점을 발견했다. 그 학생은 이 연구를 계속하지 못했으나, 햄버거와 이태리 출신의 다른 학생인 리타 레비-몬탈치니(*Rita Levi-Montalcini*)가 계속했다.

그들은 뉴런이 종양을 침범하는 이유는, 종양이 감각 뉴런을 끌어당기는 무엇인가를 분비하기 때문임을 증명하고, 이를 신경성장인자

신경 곁가지에 미치는 신경성장인자의 영향. 감각 뉴런의 배양(왼쪽)과 감각 뉴런을 종양세포 절편과 동시에 배양(오른쪽)한 결과를 보여준다.

(nerve growth factor)라고 이름 붙였다. 그리고 레비-몬탈치니는 그 인자를 정제하기 시작했다. 그녀는 처음으로 배양 접시 안에서 감각 뉴런을 자라게 하는 시도를 했다.

그러나 오히려 돌기의 수는 줄어들고, 종양세포의 작은 절편을 배양 접시에 넣어주면 뉴런의 곁가지(outgrowth)가 현저히 많아졌다. 그녀는 뉴런의 이런 행동을 훨씬 더 간단한 시스템에서 모방해 보았다. 그래서 훨씬 더 간단한 실험을 할 수 있게 되었는데, 종양 추출물들을 첨가한 뒤 어느 것이 곁가지를 만드는지를 관찰했다.

그 뒤 그녀는 미국인인 스탠리 코헨(Stanley Cohen)과 함께 분리작업을 하게 되었다. 그리고는 그 인자가 단백질의 일종인지 아니면 핵산인지를 알아내려고 시도했다. 먼저 그녀는 핵산을 깨는 효소를 가지고 있는 뱀의 독을 종양 추출물에 처리했다.

만일 그 추출물이 아직도 작용한다면 핵산은 아닐 것이다. 현명하게도 그녀는 병의 독 처리 후에도 그 추출물은 계속 작용하였지만 그것이 뱀의 독 자체의 영향인지, 아니면 다른 어떤 것의 영향인지를 검사했다. 이런 것은 일상적으로 하는 대조 실험 과정이다. 그 결과 놀랍게도 뱀의 독 그 자체가 뉴런 곁가지를 자극한 것으로, 이것은 신경성장인자의 중요한 출처였다.

그 독은 뱀의 침샘에서 만들어지기 때문에, 그들은 상상력을 동원하여 생쥐 수컷의 침샘을 검사했다. 마침 거기에도 그 인자가 풍부히 많음을 발견하고 결국 정제할 수 있었다. 신경성장인자는 일종의 단백질로, 감각신경과 다른 많은 뉴런에 매우 낮은 농도로 작용한다. 이것은 뉴런이 목표 지점에 도달한 뒤 죽는 것을 막아주는 인자 중 하나인 것 같다.

발생 중인 배아에서 신경성장인자를 제거하면 감각 뉴런과 다른 뉴런들이 죽게 된다. 그러므로 신경성장인자와 그것에 관련된 인자들은 신경계의 발생에 있어 엄청나게 중요함을 알 수 있다. 레비-몬탈치니와 코헨이 노벨상을 받은 것은 당연하다.

행동과 발달

포유류에게 출생 후 첫 몇 달은 신경 발생이 변화를 겪는 기간이다. 이는 배아 발생 프로그램에 초점을 맞추느라 지금까지 무시해 왔던 신경 발생의 중요한 양상이다. 특히 고양이나 원숭이, 사람 같은 포유류에게 출생 후 몇 달은 아주 결정적인 기간으로, 이때 세상을 시각적으로 경험하는 것은 치명적인 역할을 한다. 이 기간 동안에 시각적인 경험이 필수적이라는 관점에서 이 기간이 결정적인 것이다.

이때 만일 동물이 바른 자극을 받지 못하면 돌이킬 수 없이 부적당한 연결이 이루어져 비참한 결과가 될 것이다. 한 예는 소위 느린 눈(lazy eye)이라 불리는 것으로 어린이에서 사시를 발생시킬 수 있다. 사시를 가지고 태어난 아이들은 한 눈만 사용하려는 습관에 빠지게 되어, 그 결과 다른 한 눈은 초점이 잘 맞는 상을 받지 못하게 된다.

이런 상황이 계속 되어 사시가 고쳐지지 않는다면, 사용되지 않는 눈은 거의 완전히 장님이 되어 결함이 교정될 수 없다. 이 결함은 눈에 있는 것이 아니라 뇌에 있는 것으로 적당한 연결이 이루어지지 않았기 때문이다.

그러나 경험에 의해 신경 연결이 바뀔 수 있더라도, 많은 동물에서 발생시 만들어진 신경 회로망이 매우 복잡한 행동 패턴을 구체화한다는 것은 강조할 만하다. 새의 비행 능력이나 어류의 수영하기 또는 많은 동물의 걷기 등은 모두 발생하는 배아 때 만들어진 신경 회로망에 의존한다.

새의 둥지 만들기나 노래하기와 같은 다소 복잡한 프로그램조차도 발생시 프로그램으로 짜여진다. 더 고등한 포유류, 특히 사람의 대부분의 행동은 학습된 것임이 사실이지만, 대부분 고도의 정신기능은 발생시에 만들어진 회로망에 좌우된다는 것도 사실임에 틀림없다.

심리언어학자인 노암 촘스키(Noam Chomsky)는 언어를 배우는 능력은 발생시 뇌의 구조 안에 프로그램으로 짜여진 일종의 자연스런 과정이라고 강력하게 강조했다. 경험은 그런 회로망을 변경시키기는 하지만 뉴턴과 모차르트의 배아 신경 회로망——신경의 이동과 신경의 연결로 원인을 돌리는 차이——에 관해서는 특이한 무엇인가가 있음에 틀림없다고 믿지 않을 수 없다.

9

성(SEX)

성은 발생에 있어 매우 흥미로운 문제를 제시한다. 암컷이나 수컷은 매우 비슷한 유전자를 가지고 있지만 서로 매우 다르다. 그러면 어떻게 발생 프로그램이 변경되어 두 성을 만들 수 있을까? 또 다른 문제는 생식세포 자체와 관련 있어 결국 자기 스스로를 재생해내는 놀라운 성질을 가지고 있다는 점이다.

생식세포만이 잠재적으로 불멸이고 다른 모든 세포들은 죽는다. 독일의 위대한 생물학자인 오거스트 와이즈만은 이를 확실히 이해하여, 신체세포와 전혀 다른 생식세포 세포질의 연속성이란 개념을 제안했다. 모든 신체세포는 결국에는 죽게 되지만 생식세포는 수명이 계속되어 사실상 다음 세대를 만들어간다. 발생시 신경, 피부 등등의 신체세포로 분화되는 모든 세포들은 결국 개체와 함께 죽게 된다. 그러나 생식세포로 분화되는 세포들만이 다음 세대로 전달될 수 있다.

생식세포의 발생은 세포 분화의 또 다른 예이다. 생식세포는 유전적 구성이 다른 세포와 비슷하다는 점과 그 불변성이 기본적인 생물학적 원리이다. 획득 형질은 유전되지 않는다. 예를 들어 대장장이 팔의 강력한 근육은 자기 자식에게 유전되지 않는다. 엄마가 러시아어를 잘 한다고 자기 자식에게 유전되지 않는다. 또한 기린이 나무의 가장 높은 가지까지 닿을 수 있게 길어진 목은 조상에게 물려받은 것이 아니다.

이렇게 경험이나 학습에서 얻어진 특성과 속성은 자식에게 물려지지 않는다. 이유는 간단하다. 획득된 특성——강한 팔이나 러시아어——이 생식세포로 전달되어 유전적 구조를 적절히 변경시키는 기작이 없다는 것이다. 이런 점에서 다윈조차도 실수를 했지만, 그는 체세포가 범유전자(pangene)라는 입자를 가지고 있는데, 이 입자들이 생식세포로 전달되어 획득형질의 유전을 가능하게 한다고 생각했다.

그러나 실망스럽게도 그런 기작은 존재하지 않아, 생식세포만이 처음부터 유전 정보를 전달하며, 세포의 일생 동안 일어날 수 있는 임의의 돌연변이도 함께 전달된다.

정자는 수컷 DNA를 난자로 전달하는 기계이다. 정자는 운동력이 아주 크고, 핵 외에는 거의 아무 것도 가지고 있지 않고, 길고 굽이치는 꼬리, 즉 편모를 가지고 있어 이동할 수 있다. 정자의 유일한 목적은 난자와 융합하는 것으로, 수 백만 개가 생성되지만 치열한 경쟁을 치러 대다수가 자기의 단명한 임무마저 수행하지 못하고 수백만 개 중 단 몇 개만이 난자와 수정할 뿐이다.

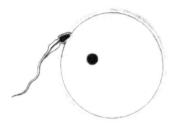

수정. 정자가 난자를 만나면 세포막이 융합하고 정자의 핵이 난자 속으로 들어간다.

시험관에서 난자를 수정시키는 것은 매우 간단한 과정이다. 수컷 성게 한 마리에서 나온 정자를 바닷물로 희석해서 한 방울만 난자가 있는 접시에 넣어주면 된다. 이때 수백만의 정자는 무작위로 수영하다 우연히 난자를 만나면 막대기 같은 구조를 내밀어, 이 구조가 난자와 융합하여 난자 안으로 들어가도록 도와준다. 그러면 난자는 자기 표면 주위로 신호를 보내 다른 정자가 더 이상 못 들어오도록 한다.

시험관에서——사실은 유리 접시에서——사람과 생쥐의 수정은 근본적으로 같다. 그러나 중요한 것은 난자와 정자가 모두 적절한 기능을 하도록 적절한 종류의 화학물질용액(chemical solution) 안에 꼭 있어야 한다는 것이다.

수정의 가장 중요한 특징은 수정 자체가 발생을 시작하게 하는 것은 아니라는 것이다——난자가 발생을 시작하도록 하는 방법은 많다. 어떤 종류의 흥분(kick)이라도 난자를 출발시킨다. 즉 산, 알칼리, 전기적인 충격 등등——기본적인 특징은 수컷의 유전 정보를 가지고 있는 핵이 들어간다는 것이다. 이 핵이 난자의 핵과 융합하므로 발생에 필요한 유전 프로그램을 둘이 함께 제공하는 것이다.

수컷과 암컷

정자가 난자 내로 들어가는 순간부터 동물의 유전적인 성이 결정된다. 성은 수컷 핵의 염색체 구성에 의해서 결정되며, 찰스 다윈(Charles Darwin)의 할아버지인 에라스무스 다윈(Erasmus Darwin)이 생각했듯이, 수태되는 순간에 아버지의 생각에 의해서 결정되는 것은 아니다. 18세기에는 자식의 특성은 완전히 아버지에 의해서 결정되고, 어머니는 영양분 이외에는 거의 아무 것도 공급하지 않는다고 널리 믿고 있었다.

19세기말에도 열(heat)과 영양이 자식의 성을 결정하는 주된 인자라고 믿었다. 즉 에너지를 저장하도록 하는 인자들은 여아를 낳게 하고, 에너지를 사용하도록 하는 인자들은 남아를 낳게 한다고 믿었다. 그러나 이러한 환경적인 이론들은 성염색체의 발견으로 무너졌다.

포유류에서 유전적 성과 성징에는 차이가 있다. 유전적 성은 X, Y 염색체에 의해서 결정되지만, 가슴이나 생식기 같은 성징은 정소나 난소가 생성하는 호르몬에 의해서 결정된다. 유전적 성은 정소로 발생할 것인지 아닌지를 결정한다. 그래서 배아에서 남성 호르몬인 테스토스테론(testosterone)이 만들어지느냐 아니냐를 결정하는 것이다.

사람을 포함한 포유류에는 X, Y 두 종류의 성염색체가 있다. 여기

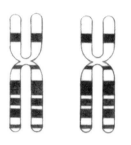

서 Y 염색체가 배아의 성을 결정하는 핵심 인자이다. 난자는 항상 X 염색체를 가지고 있고, 정자가 X나 Y 중 하나를 수반한다. 만일 수정란 성염색체가 XX로 구성되면 암컷으로 발생할 것이고, XY로 구성되면 수컷으로 발생할 것이다.

그러므로 암컷 배아의 모든 세포들은 XX 염색체를 갖게 되고 수컷의 모든 세포들은 XY를 갖게 된다. 그러나 신체 내 대다수의 세포들이 XX가 있는지 혹은 XY가 있는지는 동물이 암컷으로 또는 수컷으로 발생할지에 절대적인 영향을 발휘하지는 않는다.

성염색체에 의해서 영향을 받는 유일한 세포들은 생식세포들과 난소나 정소로 만들어질 조직 내의 세포들이다. 수컷과 암컷을 차이나게 하는 모든 주된 성징은 정소에서 호르몬의 분비 효과에서 온다. 항상 그렇듯이 호르몬은 유전자 발현을 변화시킴으로써 작용한다.

성징의 분화가 난소나 정소에 크게 의존하는 것은, 토끼 배아에서 난소나 정소의 발생을 방해해봄으로써 처음으로 증명되었다. 태아가 아직 자궁 내에 있을 때, 난소나 정소가 될 조직을 제거하면 새끼는

XX, XY와 상관없이 모두 암컷 성징을 보이지만 난소는 없다.

이러한 사실에 정소가 발생하지 않으면 모든 배아는 암컷으로 발생한다고 결론지었다. 그리고 정소에서 만들어지는 남성 호르몬인 테스토스테론은 배아를 암컷 경로에서 멀어지게 하고 수컷이 되도록 지도하는 조절 인자임이 증명되었다. 테스토스테론이 분비되면 신체 조직들은 XX 또는 XY와 상관없이 수컷의 특징을 갖게 된다. 즉 배아는 기본적으로 암컷이지만 테스토스테론 호르몬에 의해서 수컷형으로 전환되는 것이다. 이때 XY 배아만이 정소를 발생시키고 테스토스테론을 생성하므로, 문제는 XY 배아가 왜 정소를 만드는가로 좁혀진다.

정소와 난소는 같은 조직에서 발생되는데 초기 단계에는 어느 것으로 발생할지 기미가 없다. 그 뒤 분기(divergence)되는데 그 조직은 XX 배아 내에서 난소로 발생하고, XY배아 내에서는 정소로 발생한다. 정소의 발생은 Y 염색체상에 존재하는 단 하나의 유전자에 절대적으로 좌우된다.

수컷을 결정하는 그 중요한 유전자는 Y염색체의 짧은 팔 끝에 놓여 있다. Y 염색체상에는 다른 유전자가 거의 없기 때문에 다소 격리되어 있다. 정소를 결정하는 유전자는 초기 배아의 정소로 발생할 지역에서만 활성적이다. 그 유전자를 제거하면 XY 배아일지라도 암컷으로 발생한다. 생쥐에서 만일 그 유전자가 X 염색체로 전위되었다면 XX 배아도 수컷으로 발생한다.

이 두 예에서, 총 염색체 구성에 따라 성이 역전될 수 있다. 정소를 결정하는 유전자의 중요성이 밝혀졌지만, 어떻게 이 유전자 산물이

사람의 외부 생식기 발생. 발생 초기 단계에서 외부 생식기는 남성과 여성에서 동일하다(중앙). 유전적으로 결정된 일차 성은 호르몬의 영향으로 남성 생식기(왼쪽) 또는 여성 생식기(오른쪽)로 발달된다.

정소로 발생시키는지에 대한 문제는 아직 남아 있다. 유전자 활성들의 계단식(cascade) 정보 전달과 세포 상호작용이 있다고 가정할 수 있는데 모두 숙제로 남아 있다.

Y 염색체가 포유류의 유전적 성과 정소가 발생할지 아닐지 여부를 결정하는 반면, 가슴이나 생식기 같은 소위 제 이차 성징들은 호르몬에 의해서 결정된다. 특히 배아의 정소에서 합성되는 테스토스테론이 수컷 성징을 발달시킨다.

사람에서는 발생 6주 후에 다소 부풀어오르면서 생식기가 만들어지는데 수컷이나 암컷에 차이가 없다. 그러나 제 일차 성은 이미 결정되었고 이차 성징은 호르몬의 영향을 받는다. 이때 정소에서 만들어지는 테스토스테론이 없으면, 부푼 것이 음핵(clitoris)이나 대음순(labia)같은 암컷 생식기관으로 발생한다.

그러나 테스토스테론이 있으면 같은 조직이 음낭으로 발생되어 정소와 음경을 싸게 된다. 마찬가지로 암컷에서는 테스토스테론이 없어서 가슴이 발달하고, 수컷에서는 테스토스테론이 가슴의 성장을 억제한다. 또 테스토스테론이 있으면 얼굴과 몸에 털이 발달하고 너무 많으면 대머리가 된다. 배아가 수컷 호르몬에 노출되지 않으면 기본적으로 암컷이다.

호르몬 분비나 그 호르몬에 대한 세포의 반응 중 하나라도 잘못되면 암, 수컷의 혼합된 특징이 생긴다. 예를 들어 사람에서 유전적 구성이 XY이고 정소도 있다. 그리고 정소의 여성화라고 알려진 선천성 기형이 있는데 이차 성징은 모두 여성이다. 또 정소에서 테스토스테론이 만들어지지만 호르몬에 반응하는 수용체가 세포에 없으면 마치 테스토스테론이 없는 것처럼 발생된다.

그 반대의 경우는, 암컷 배아가 발생 동안 비정상적인 호르몬을 분비하게 되는데, 이러한 경우에는 난소를 가지고 있지만 남성을 닮은 유전적 여성이 태어난다. 이런 사람들은 난소나 정소를 둘 다 가지고 있지 않고 하나만 가지고 있기 때문에 자웅동체(hermaphrodites)는 아니다. 이들은 선충류 벌레나 일부 어류와는 다르다. 선충류와 어류 중 일부는 난소와 정소를 모두 갖고 있는 자웅동체이다.

성이 염색체의 구성에 의해 결정되는 초파리에서, 성기 구조는 호르몬 작용의 결과가 아니다. 오히려 각 조직은 염색체에 따라 수컷이나 암컷으로 독자적으로 발생하는데 성 결정은 Y 염색체를 따르는 것이 아니라 X 염색체의 수에 따른다. 여기서 X 염색체가 두 개면 암컷을 만들고 단 하나면 수컷이 된다.

또한 성징의 발달은 자발적이며 포유류와는 달리 염색체 구성에 의해서 조절되므로, 일부는 암컷이고 다른 일부는 수컷인 동물을 얻을 수 있다. 만일 초기 암컷 배아 중 한 세포에서 X 염색체가 한 개 상실되면 그 세포의 모든 자손은 수컷이 되는 반면, 나머지 모든 세포들은 암컷 형질로 발생할 것이다.

거북이나 악어의 일부에서는 유전적인 구성보다는 환경 인자들이 성을 결정하는데 온도가 곧 조절 인자이다. 이것들은 일반적으로 낮은 온도에서 알을 배양하면 한쪽 성이 나오고, 고온에서 배양하면 다른 쪽 성을 만든다(알을 무더기로 함께 낳기 때문에, 온도가 성을 조절하는 것이 진화적으로 유리하다는 가설을 설명하기 위해서 복잡한 논쟁들이 계속되고 있다).

포유류에서와 비슷하게 정소를 결정하는 유전자는, 온도에 따라 활성화 되기도 하고 불활성화되기도 해서 발생 경로를 다소 비슷하게 만들 수도 있다. 거북이나 악어의 조상인 공룡도 그런 기작을 사용했으리라는 추측도 있다. 어쩌면 지구의 온도가 약간씩 변함으로써 단 한쪽의 성만이 생성되는 조건이 되었을지도 모른다. 원칙적으로 이것이 공룡이 사라진 신비를 설명할 수 있는 길일 수도 있다.

엄마는 아버지가 필요하다

아버지가 진짜로 필요할까? 처녀 수태에서 추정된 바와 같이 암컷의 핵이 스스로 발생될 수도 있을까? 하등동물에서는 이것이 가능하다는 것에 대해서 의심할 여지가 없다. 즉 개구리 알은 인위적으로 활성화될 수 있고, 각 세포가 정상의 반만 되는 염색체만을 가지고 있더라도 정상적인 개구리로 발생할 수 있다.

반대로 포유류는 다르게 행동하여 발생은 개시시키더라도 완전히 발생되지 못한다. 이는 단지 미약한 결점 때문이 아니라, 암컷과 수컷이 발생에 기여하는 정도가 기본적으로 차이가 나기 때문이다.

수컷의 핵에 있는 유전 정보는 정자에서 온 것이고, 난자의 핵에 있는 유전 정보는 발생 프로그램의 다른 여러 양상들을 조절한다는 것을 최근의 연구로 알게 되었다. 난자의 유전자들은 올바른 배아 발생에 우선적으로 기여하는 반면, 정자의 유전자들은 태반 같이 배아 외 구조들의 발생을 조절한다.

정상적인 발생에는 두 종류의 핵이 모두 필요하다. 난자의 핵과 정자의 핵은 모두 정상적인 염색체 수의 반만 가지고 있으므로, 암컷 배아나 수컷 배아가 모두 정상적인 염색체 수를 갖도록 실험들이 고안되었다. 생쥐 수정란에서 정자의 핵과 난자의 핵이 융합되기 전에, 정자의 핵을 제거한 뒤, 다른 난자에서 핵을 꺼내 대신 넣어 주었다. 이에 두 암컷 핵이 아주 행복하게 융합되어 정상적인 염색체 수를 회복하였고 아주 정상적으로 발생이 진행되었다. 그러나 잠시 동안뿐이었다.

배아는 머리와 체절을 형성할 때까지 잘 발생하였지만 태반이 빈약하게 형성되기 때문에 발생이 중지되었다. 반대로 핵을 제거한 난자에 두 개의 정자 핵을 넣어주면 발생이 정상적으로 시작되지만, 배아 자체가 기형이 되어 훨씬 이전 단계에서 발생을 중지했다.

이 결과들은 유전자가 엄마에게서 왔느냐, 아빠에게서 왔느냐에 따라 행동에 차이가 있음을 보여준다. 즉 암컷 유전자들은 배아가 올바르게 가도록 기여하지만 수컷 유전자들은 태반 발생을 조절하도록 프로그램되어 있다. 비슷한 유전 정보를 가지고 있더라도 암컷 유전자와 수컷 유전자는 유전자 활성의 패턴이 서로 다르게 각인되어 있다.

모든 암컷 배아들이 발생에 실패하는 이유는 태반과 다른 지지 조직들이 발생하지 않기 때문이다. 또 모든 수컷 배아가 실패하는 이유는 적절한 신체를 만들 수 없기 때문이다. 포유류 배아는 수컷과 암컷 모두 기여해야 한다. 처녀 수태는 불가능하다.

성과 행동

많은 동물의 행동은 성에 따라 특이하다. 수컷 쥐는 암컷 쥐의 등에 올라탄다. 수컷 카나리 새는 감명스런 짝짓기 노래를 부른다. 테스토스테론은 생식기나 가슴 같이 뚜렷한 성징에 영향을 줄 뿐 아니라, 또한 뇌의 발생도 변경시켜서 이런 행동 패턴을 바꾸게 한다. 새에서 수컷의 노래와 테스토스테론 수준과는 밀접한 관계가 있음이 증명되었다.

푸른머리되새(chaffinch)는 테스토스테론이 너무 낮으면 노래를 하지 않는다. 그러나 테스토스테론을 수컷에게 다시 주사해 주면 번식 시기가 아니더라도 짝짓기 노래를 한다. 또한 쥐를 테스토스테론에 일찍 노출시키면 성적 행동이 조절된다. 갓 태어난 암컷 생쥐에 테스토스테론을 처리하면 수컷처럼 행동하여 다른 암컷의 등에 올라타고 암컷 쥐의 특징적인 행동들을 보여주지 않는다.

이렇게 행동이 변경되는 것은 성적 행동에 관련 있는 특정 척수신경에 미치는 테스토스테론의 효과로 돌릴 수 있다. 쥐의 암컷은 척수에 있는 신경 중 70퍼센트가 소실되지만 수컷에서는 25퍼센트만 소실된다.

새와 쥐를 사람과 비유하는 데는 매력도 있지만 위험도 있다. 사람은 짝짓기 노래나 성적 행동 패턴이 고도로 판에 박혀 있지 않다. 그럼에도 불구하고 여자와 남자가 행동에 있어 서로 다르게 이끌리도록 호르몬이 뇌에 영향을 주지 않는다고 믿기는 어렵다. 환경의 영향도 크겠지만 여자의 뇌와 남자의 뇌 차이를 부인하는 것은 기본적인 발생 과정의 중요성을 깨닫지 못하는 것이다.

10
성장

성장이란 발생 프로그램 중 없어서는 안될 부분이다. 초기 발생 동안 배아는 크기 면에서는 거의 성장이 없지만, 우리가 이미 보았듯이 주로 세포의 이동과 국부 수축 패턴 때문에 배아의 형태 변화가 일어난다. 그러나 발생 후기에는 성장이 중요한 역할을 하는데, 예를 들면 얼굴 같이 배아의 형태를 본 뜨는 데 직접적으로 관련되어 있다. 배아의 성장은 영양분에 의존한다.

　닭과 개구리의 경우 알의 난황에 의존하는데, 일단 배아의 기본적인 형이 갖추어지면, 혈관이 영양분을 난황에서 배아 전체로 공급하여 성장이 일어나도록 한다. 성게나 곤충 같은 작은 배아에서는, 난황이 모든 세포에 골고루 분포되어 있기 때문에 영양분의 순환이 꼭 필요하지는 않지만 포유류에서는 특이한 순환계인 태반을 통해서 영양분이 공급된다.

　성장 프로그램이 완성되려면 수 년이 걸리지만 이 프로그램은 발

발생중인 태아의 상대적인 비율. 인체는 발생 중 각 부분이 다른 속도로 성장한다.

생 초기 단계에 이미 지정된다. 사지(4장)나 다른 많은 기관에서 보았듯이 중요한 특징은, 기본 구조나 기본 패턴이 매우 작은 규모로 정해진다는 것이다. 예를 들어 사람 사지의 주된 모든 특징들은 수정 후 약 4주 후인, 길이가 불과 몇 mm 이하일 때 이미 정해진다. 유사하게 신체의 모든 주된 특징들은 태아의 길이가 1 인치도 안 되는 5주째 축소형(miniature) 안에서 거의 만들어진다. 이 축소형이 어른 크기로 확대되는 것이 바로 성장이다.

이에 덧붙여, 많은 신체 부분의 형태들은 서로 관련되어 얼마만큼 성장하느냐에 따라 결정된다. 배아의 얼굴 부분들이 성장하는 데 있어, 미묘한 차이가 최종 형태에 영향을 미친다. 태아기 동안에도 많은 부분들이 서로 다른 속도로 자라난다. 예를 들어 사람 배아의 경우, 머리의 크기를 나머지와 비교한 상대 머리 크기는 발생이 진행됨에 따라 계속적으로 감소한다.

성장 프로그램 작성과 공동작업

우리는 한 기관의 성장에 대한 모델로 사지성장을 택할 수 있다. 척추동물의 사지 성장과 각 개개 구성요소들의 성장 프로그램은 발생 초기에 세워진다. 특징적으로 팔과 다리에 있는 여러 뼈의 성장속도는 각 요소들이 만들어질 때 이미 지정된다. 초기 연골 요소들의 성장은 배아의 나머지 부분들의 나이와 관계 없다는 점에서 자율적인 것 같다.

닭의 사지싹을 어린 배아에서 좀 나이든 배아로, 또는 역으로 이식할 경우 이식된 사지싹의 성장 특징은 숙주의 영향을 받지 않는다. 이식 된 사지싹은 마치 자기가 아직도 원래 배아 자리에 있는 것처럼 자란다. 1924년 미국 실험 배아학의 선구자 중 한 사람인 로스 해리슨(Ross Harrison)이 행한 실험은 이런 성장 프로그램의 자율성을 잘 설명해준다.

유년기의 특징을 보유하고 있는 양서류인 엑소로틀(axolotl, 멕시코산 도롱뇽)에는 두 종이 있는데 크기가 매우 다르다. 해리슨은 크기가 큰 종의 배아에서 사지싹을 꺼내 작은 종의 사지싹이 있는 자리로 이식했다. 처음에는 이식된 싹이 숙주의 싹보다 천천히 자랐지만, 성장 속도가 점점 증가하여 결국은 정상 크기로 자라났다. 작은 엑소로틀이 매우 긴 다리 하나를 갖게 된 것이다.

그러나 자율성뿐 아니라 종속성도 있다. 뼈의 성장은 적당한 호르몬이 있다면 자율적이지만, 근육과 힘줄의 성장은 뼈의 성장에 좌우된다. 성장 동안 뼈, 근육, 힘줄이 서로 적절한 관계를 확실히 유지하

엑소로틀에서 보이는 성장 프로그램의 자율성. 크기가 큰 종의 사지싹을 크기가 작은 종의 사지싹이 있는 자리로 이식한 엑소로틀에서 이식된 사지싹은 크기가 큰 종의 긴 다리로 발생했다.

는 것이 바로 이 종속성이다. 이런 성장의 공동작업은 주로 기계적인 수단에 의해서 이루어지는데 뼈가 자라면서 근육과 힘줄을 끌어당겨 자라나게 한다. 근육과 힘줄의 길이 성장을 자극하는 것은 바로 장력 (tension), 즉 잡아당기기인 것 같다. 예를 들어 뼈의 성장이 지연되면 근육과 힘줄의 성장도 지연된다. 이런 방법으로 근육, 힘줄, 뼈는 서로 정밀하게 맞추어진다.

그러나 두 팔과 두 다리를 공동으로 자라게 하는 것은 없다. 팔 다리의 성장은 서로 전혀 상관없다. 한 팔이 얼마나 빨리 자라고 있는 중이라고 다른 팔에게 알려주는 것도 없고, 둘 사이를 통과하는 정보도 없다. 단지 배아에서 아주 작은 축소형으로 만들어진 사지가 이후 15년 동안 각각 독립적으로 성장해서 결국 거의 정확하게 같은 길이로 되는 것은 놀라운 일이다. 이는 마치 두 개의 기차가 출발해서 15년 후에 같은 거리를 여행하는 것과 같다. 세포들은 매우 긴 성장 프로그램을 수행하는 데 있어 매우 정확하다.

세포 증식

세포 증식 프로그램 작성이 성장의 주된 역할을 하지만 결코 유일한 것은 아니다. 성장은 세포 증식이라기보다는 세포의 크기가 점점 커짐으로써 일어난다. 뉴런이 그 좋은 예이다. 성장의 또 다른 주된 양식은 세포 밖에 물질을 저장하여 세포외 공간을 증가시키는 것이다. 세포 외 물질의 한 예는 손톱과 발톱의 성장이다. 또 연골세포 사이의 기질(matrix)이다. 그렇다 하더라도 성장의 진짜 핵심은 세포 증식이다.

증식할지 안 할지를 결정하는 것이 세포 수명에 있어 기본적이다. 성체 포유류에서 여러 가지 세포들은 전혀 다른 결정을 내린다. 피부의 혈통세포나 장의 내막세포들은 소실된 세포를 채우기 위해서 계속적으로 증식한다. 한편 간세포 같은 세포들은 거의 증식하지 않지만 손상받으면 증식되도록 자극을 받을 수 있고, 성숙한 신경세포나 근육세포 같은 또 다른 세포들은 절대 분열하지 않는다. 이렇게 각 경우에 증식할지 안 할지의 결정은 빈틈없이 조절된다. 이런 조절을 상실하면 암을 일으키게 된다(11장).

배아에서 세포의 성장과 증식을 조절하는 것은 전혀 밝혀지지 않았다. 또한 세포 증식 프로그램이 세포에서 어떻게 지정되는가도 알려지지 않았다. 그러나 성장을 자극하는 인자들이 있어서 국부적으로 생성되거나, 또는 호르몬 같이 순환계를 통해 배아나 몸 전체로 옮겨진다. 앞으로 나오겠지만 성장 호르몬은 특히 중요하다. 그러나 그런 성장을 자극하는 물질이 있을 때 세포는 전혀 다른 방법으로도 반응할 수도 있다. 세포가 반응하는 방법이 발생 프로그램의 부분이다.

더 크게 성장

인간이 어린 아기에서 어른으로 성장하는 데는 모든 기관들이 다 포함되지만, 특히 몸통과 다리에 있는 기관들이 가장 현저히 관련되어 있다. 사지의 길이 성장은 전적으로 다리의 대퇴골(femur)이나 정강이뼈(경골, tibia) 같은 뼈들의 성장에 달려 있다. 뼈들은 기계적으로 딱딱하기 때문에 직접적으로 길이가 증가할 수는 없다. 그래서 뼈의 양 끝 부분에는 성장에 필요한 특수 성장판이 있다. 이 성장판은 뼈가 아닌 연골로써 마치 처음에 만들어지는 뼈의 연골 모델과 같다. 뼈와 달리 연골은 훨씬 유연하여 세포가 분열하거나 크기가 커질 때 팽창할 수 있다. 이것은 기계적인 힘을 유지하면서 뼈의 길이를 증가시키는 아주 현명한 생물학적 해결책이다.

성장판은 겨우 몇 mm 두께로 상박골(상완골, humerus)이나 대퇴골 같은 모든 긴뼈의 양쪽 끝 가까이에 있다. 성장판에는 연골 세포들이 원주상으로 정렬해 있고 한쪽 끝에는 줄기세포(stem cell)들이 있다. 전체적으로 성장판은 장의 내막과(6장) 비슷하지만 세포가 소실되지 않고 대신 뼈로 대치된다. 세포들은 계속 증식하다가 분열을 멈추는 다른 끝까지 밀려나면, 다른 세포들에 의해서 만들어진 뼈로 대치된다.

성장판의 두께는 성장동안 일정하게 남아 있고, 끝에 세포들이 뼈

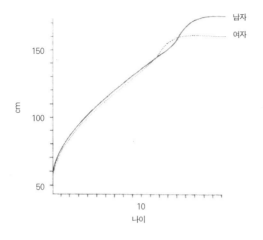

남자

여자

150

cm

100

50

10
나이

나이에 따른 사람의 평균키.

로 대치됨에 따라 전체 뼈는 점점 더 길어진다. 각 성장판은 특이한 성장 특징을 갖고 있다. 나이가 듦에 따라 성장판은 사라지고 뼈로 대치되어 성장이 완전히 멈추게 된다. 성장판은 매우 특징을 가진 순서로 소실되기 때문에 어린이의 생리학적 나이를 측정하는 데 사용될 수 있다.

사람의 성장 속도는 출생 후 처음 몇 달 동안 가장 빠르다. 우리가 자라남에 따라, 단위 시간당 길이의 증가인 성장 속도는 점점 느려지다가 사춘기에는 급격히 증가한다. 사춘기에는 성장이 급격히 증가하는데, 여자 아이들은 약 14세에 남자 아이들은 1, 2년쯤 늦게 나타난다. 사실 급성장이 일어나는 시기는 대단히 다양하다.

이는 사춘기(puberty)를 맞는 시기와 관계 있다. 급성장은 짧은 기

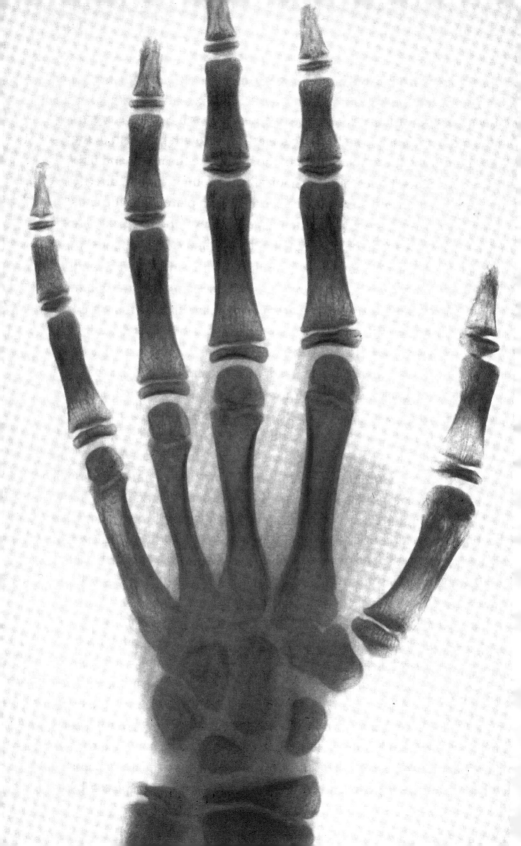

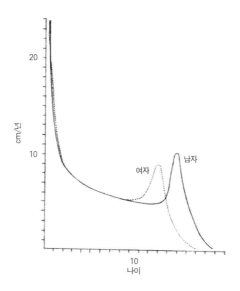

남자와 여자의 성장 속도 비교. 남녀 모두에서 사춘기 때 급격히 성장률이 증가한다.
여자가 약간 앞선다.

간에 일어나고 그 다음에는 성장이 완전히 멈춘다. 성장 중지는 성장
판이 사라지는 것과 직접적으로 관계 있다. 일단 성장판이 뼈로 대치
되고 나면 다시는 나타나지 않고 더 이상의 성장은 일어날 수 없다.

수백 명 어린이의 정상적인 성장을 좌표로 만들고 이를 표준 곡선
(standard curve)으로 활용하여, 의사들은 어린이의 성장이 정상적으
로 진행되고 있는지, 또 그 어린이가 결국 얼마나 더 클 수 있는지를
지적할 수 있게 되었다. 일정한 키를 가진 사람에게만 허용되는 발레
무용수가 되기를 소망하는 소녀에게는 이것이 실망스럽겠지만 도움

◀ 사람의 손에서 보이는 뼈들.

이 될 것이다. 더 중요한 것은 이런 표준 곡선과 비교함으로써 비정상 성장을 재빨리 알아차릴 수 있다는 것이다. 이 중 흔하지만 가장 심각한 경우는 키를 못 크게 하는 질병인 여러 가지 난장이 병이다.

성장판은 뇌의 기서부에 있는 뇌하수체에서 생성되어 혈액을 통하여 이동하는 성장 호르몬에 의존한다. 이때 순환 중인 성장 호르몬이 충분하지 않으면 성장판은 천천히 자라거나, 또는 아예 성장을 중지하기도 한다. 또한 다른 기관들도 천천히 자라서 그 어린이 자체는, 신체 각 부위의 비례는 정상적일지라도 자기 나이에 비해 훨씬 작아져, 만일 성장 호르몬 수치가 회복되지 않으면 그 어린이는 키가 매우 작게 될 것이다.

다행스럽게도, 현재는 성장 호르몬 주사로(매일) 성장을 정상적으로 회복할 수 있다. 성장 둔화는 갑상선 결핍이나 기아, 또는 심리적인 충격으로 일어날 수도 있다. 이 모든 것들은 치료가 가능해서 어린이는 정상적인 키로 될 수 있다. 반대로 성장판이 정상보다 더 오래 기능을 계속 작용하면 8피트(약 240cm) 이상의 키가 될 수도 있다.

성장을 제한하는 또 다른 한 원인은 호르몬과 관계 없이 성장판의 질서가 문란해짐으로써 일어나는 것으로 연골발육부전증(achondroplasia)이란 일반적인 병명이다. 이 병은 성장판만이 영향을 받아, 사지와 몸통만이 성장 둔화로 고생하여 키가 작고 머리가 불균형적으로 크게 보이는 성인이 되게 한다. 이러한 성장판 결함을 치료하는 만족할 만한 처리는 아직 없다.

그러면 무엇이 키를 결정하고 피그미족(pygmies, 중앙 아프리카의

휘들러 게 수컷 집게발의 상대 성장. 어릴 때는 양쪽 집게발의 길이가 같지만, 성장함에 따라 한쪽이 매우 크게 자란다.

키 작은 흑인들)은 왜 키가 작을까? 성장 호르몬에 의해서 합성이 자극되는 다른 성장 인자들이 성장에 핵심적인 역할을 하여 급성장시 증가한다.

피그미들의 성장 호르몬 수치는 정상이나, 이런 성장 인자들 중 하나의 수치가 매우 감소되어 있다. 급성장은 성장 호르몬의 증가에 의해서 초래되고, 또 이 호르몬의 증가는 성장 호르몬 농도의 증가에 의해서 이루어진다. 성장의 중지는 주로 이런 호르몬의 영향하에서 성장판이 소실되기 때문이다. 성장의 주된 특징은 호르몬에 대한 반응과 성장판의 특성으로 이 모두 발생 초기에 지정된다.

상대적인 성장

개체의 각 부분들은 다른 속도로 성장한다. 아기의 머리는 불균형

성장에 따른 개코원숭이의 두개골 변화.

적으로 크지만 비교적 천천히 성장한다. 이런 상대적인 성장 속도의 차이가 체형에 심오한 영향을 준다. 그 좋은 예는 휘들러 게(fiddler crab), 수컷의 집게발이다. 어릴 때는 양쪽 집게발의 길이가 똑같다. 그러나 게가 자람에 따라, 부수는 집게발은 다른 집게발보다 훨씬 더 빨리 자라 나중에 무게가 4배나 된다.

상대적인 성장은 진화적인 변화에 중요한 의미를 갖는다. 이는 성장 조절이란 관점에서 개체의 각 부분들이, 발생 초기에 정해진 각각의 성장 프로그램을 달리 어떻게 보유하는지를 강조한다. 성장 프로그램의 국부적인 차이는 두개골 같이 어떤 특정 구조의 형태를 바꾸는 것이다.

개코원숭이(baboon)의 두개골 형태는 성장에 따라 큰 변화가 일어난다. 신생아일 때는 얼굴이 비교적 편평하지만 턱과 코 부분이 다른 부분보다 훨씬 빨리 자라서, 어른 원숭이는 앞으로 튀어나온 얼굴 특징을 갖게 되고, 어른 수컷 두개골은 암컷보다 훨씬 더 크게 된다.

그 다음 문제는 이런 성장 차이가 어떻게 프로그램으로 짜여질 수 있을까 하는 것이다. 그 대답은 모르지만 조절 유전자와 세포 위치값이 관련된 것 같다(3장). 신체의 각 부분들이 다른 정도로 성장하기 위해서는 각 부분 자체가 달라야 하고, 또 위치값이 그 차이를 만들 수도 있어야 한다. 예를 들어, 박쥐에서 손발가락의 다른 위치값(4장)은 성장 패턴을 다르게 짜는 데 사용되어 날개의 긴 손가락을 만들 수도 있다.

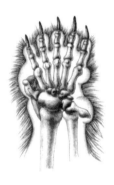

팬더의 손에서 보이는 뼈. 오른쪽에 엄지 손가락처럼 보이는 것은 사실 손목뼈의 일부가 길게 성장한 것이다.

그리고 팬더(panda)에서 엄지손가락에 또 하나의 손가락이 만들어지는 것도 상대 성장의 좋은 예이다. 팬더는 분해가 잘 안 되는 먹이인 대나무 껍질을 엄지손가락 같은 손가락과 나머지 다섯 손가락 사이에 끼워 줄기를 벗긴다.

그러나 이 엄지손가락은 다른 것과는 전혀 다르다. 이것은 손목뼈 중 하나가 성장하여 길게 자라난 것으로, 길이가 길어서 전형적인 엄지손가락처럼 보인다. 단 하나의 뼈가 성장이 증가되어 길이가 늘어나서 이렇게 아주 새로운 구조를 만들었다. 그 뼈가 위치 증명서

(identity)를 갖고 있을 때만 이것이 가능해 그 성장 프로그램만 유일하게 변경시켰다.

세포 증식과 암

암은 일종의 발생조절 실패라고 생각될 수 있다. 암세포는 정상적인 세포 성장 조절과 세포 증식 조절에서 벗어난 것으로, 대부분의 경우에 세포 분화의 정상 과정이 파괴된 것이다. 더욱이 악성 암세포는 세포 이동 조절이 상실되어, 종양세포가 처음 생긴 자리에서부터 멀리, 그리고 수도 없이 많은 자리로 퍼지는 특징을 보인다. 암세포에는 두 가지 특성이 있다. 증식이 정상적으로 조절되는 것과, 다른 조직에 침입하여 군집(colony)을 만드는 것이다. 이를 전이(metastasis)라고 한다.

세포 주기

여러 종류의 정상 세포들은 배양하면 잘 자란다. 닭의 초기 배아나 사람의 피하 연결 조직에서 세포들을 꺼내 배양접시에 놓고 제대로

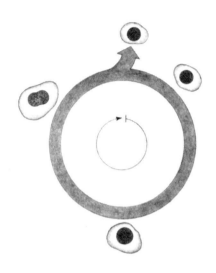

세포 주기. 분열한 세포는 성장하면서 크기와 내용물이 두 배로 증가되고 다시 분열한다.

된 배양액을 넣어주면, 세포들은 접시에 붙어 자라기 시작해 증식한다. 세포는 처음에 내용물이나 크기가 두 배로 되고 그 뒤 분열하여 두 개의 세포로 된다. 이는 전형적으로 12-24시간 걸린다.

세포는 약 한 시간 걸려 둘로 갈라지는데, 염색체 한 세트가 각 딸세포에게 배분되는 것까지 포함해서이다. 딸세포들은 또 자라기 시작해서 성장과 분열 주기를 반복한다. 세포 증식 조절이라는 관점에서 볼 때 중요한 결정은 자라기 시작하느냐 못 하느냐로, 이것은 세포 주기 중 초기에 일어나며, 이를 제한점(restriction point)이라 한다.

배양시 세포가 한동안 생존하기 위해서는 배양 성분비가 잘 맞고

포도당(glucose)같은 에너지 자원이 들어 있는 용액이 필요하다. 그러나 이 용액만으로는 세포 증식을 일어나게 하지 못한다. 여기에는 특수 성장인자들이 필요하다.

이 인자들은 세포 성장을 조절하는 근본적인 역할을 한다. 전형적인 성장인자 중 하나는 인슐린과 인슐린을 닮은 분자들이다. 모든 성장인자들은 단백질로서, 세포 표면의 수용체와 결합하여 성장을 자극한다. 세포마다 요구하는 것이 다르지만 일반적으로 성장인자들의 농도를 높이면 세포 증식의 횟수가 증가하다가 어느 농도에서 증식은 정지된다.

배양시 세포는 배양 접시의 바닥을 한 층으로 덮을 때까지 증식한다. 그 다음 세포는 증식을 멈추고 이 제한점에서 조용히 있다. 만일 접시에서 세포들을 꺼내 밀도가 낮은 다른 접시로 나누어주면 세포들은 다시 세포 주기를 작동시켜 증식을 계속한다.

이때 암세포들은 성장하지 않고 정상세포보다 훨씬 빨리 증식한다. 근본적인 차이는 정상세포가 증식을 멈추는 어떤 조건하에서도 암세포는 계속 성장한다는 것이다. 즉 배양시 암세포는 정상 세포보다 훨씬 높은 밀도로 자란다. 가장 중요한 것은 암세포는 성장인자를 훨씬 덜 필요로 한다는 것이다.

암세포는 성장인자들이 없어도 마치 있는 것처럼 행동하게 변한다. 이유는 세포가 계속적으로 자기 자신의 성장인자를 만들어낼 수도 있어 스스로 자극(self-stimulating)한다는 것이다. 또 다른 원인은 성장인자에 대한 표면 수용체, 또는 표면에서 진행되는 경로 중 일부가 영구히 활성화되도록 변경되었거나 혹은 계속적인 작동 상태로 되어 마치 성장인자가 있는 것처럼 항상 행동하는 데 있다. 암세포는 정상적인 성장 조절에서 벗어난 것이다.

기원

발생 중인 배아처럼 종양도 자기 자신의 발생 프로그램을 가지고 있다. 그러나 이 프로그램은 배아 발생과는 달리 매우 비정상적으로 다양하다. 종양은 보통, 세포의 가벼운 행동장애로 출발하나 점진적으로 완전한 암으로 발전하게 된다. 아주 초기에서부터 임상에서 알아볼 수 있을 정도로 종양이 진행되는 데는 수 년이 걸린다. 이것도 일종의 발생 과정이다.

히로시마에 원자폭탄이 떨어졌을 때 방사선에 노출된 사람들에게서 백혈병 발병이 증가한 것은, 처음부터 종양 세포로 천천히 진행되었다는 좋은 증거이다. 방사선은 DNA에 손상을 입혀 암을 유도할수 있다고 알려졌다. 원폭 후 약 5년까지는 백혈병 증가가 심각하지 않았다. 암을 일으키는 화학물질인 발암성물질(carcinogen)에 노출되었던 근로자들은 노출 후 10-20년까지도 종양이 발생하지 않을 수있다. 이 긴 기간 동안 세포는 진짜 악성이나 암으로 되기 전에 수많은 변화를 겪어야 한다는 것이다.

정상세포는 단번에 암세포로 변화되지 않고, 분화 중인 세포처럼여러 단계를 거쳐야 한다. 정상세포는 자기 자신의 발생 경로를 가지고 있다. 그 중 한 단계는 끊임없이 증식을 하는 능력, 즉 분열성을 습득하는 단계이다. 정상세포들은 증식 능력이 제한되어 있다(12장). 다른 단계들은 세포 증식이나 세포 분화를 정상적으로 조절하고 이동하여 다른 조직에 이주한다. 이 각각의 단계에서 세포의 유전적 구성에 특이한 변화가 일어나면 돌연변이로 된다. 그래서 암의 발생은 세포 DNA에 일련의 타격(hits)이 가해진 것으로 생각할 수 있고, 그 타격은 세포를 진성암에 점점 더 근접하도록 한다.

각각의 타격 자체는 드문 사건이기 때문에, 단 하나의 세포가 우연히 모든 타격을 받을 확률은 적지만 시간이 경과함에 따라 모든 타격들이 동일한 세포에서 일어날 수도 있다. 이러한 이유 때문에 암을 주로 노인병이라 한다. 그러나 희귀한 암들은 어린이에게도 영향을 준다. 그 어린이는 태어날 때 이미 결함이 있는 유전자를 물려받았기 때문에 종양으로 발생하는 데 필요한 많은 변화들이 줄어든다.

대부분 종양이 단 하나의 세포에서 출발한다는 관찰로 암 발생의 본성이 확인되었다. 그 단일세포는 종양을 형성하는 수백만 개의 세포를 만들어낸다. 종양의 근원이 되는 증거를 키메라로 구성되어 있는 여성에게서 찾을 수 있다(6장). 여성의 세포는 엄마와 아빠로부터 물려받은 두 종류의 X 염색체로 되어 있는데, X 염색체 중 하나는 불활성화되어 있다. 어떤 종양이 여성에서 일어날 때 그 종양세포는 바로 한 종류로, 엄마로부터 온 모든 X 염색체가 불활성화되었거나, 혹은 아빠로부터 온 모든 X 염색체가 불활성화되어 있다.

이는 종양이 단 하나의 세포에서 유래된다는 것을 강력하게 시사한다. 마찬가지로, 혈구 암——일종의 백혈병——에서 모든 세포들은 염색체 하나에 명백하고 검증 할 수 있는 변화가 있음을 쉽게 확인할 수 있다. 이는 매우 희귀한 경우로, 이러한 변화가 많은 세포에서 동시에 일어났을 것 같지 않다.

　암세포는 또한 정상 발생을 방해하면 일어날 수도 있다. 생쥐의 초기 배아를 자궁에 넣어주지 않고 체외에서 배양하면 배아의 구성이 망가진다. 그러면 각각의 세포들은 떨어져서 증식하여 세포들은 분화될 기미를 보이지 않고 무한정으로 증식할 수 있다. 이런 세포들이 악성 암세포로 된다. 만일 이런 세포 몇 개만 생쥐에게 주사해도 종양이 발생하는 데 매우 다양한 종류의 분화된 세포들을 포함하게 될 것이다.

　이때 정상적인 생쥐 배아 세포들을 원래의 정상적인 환경으로부터 격리해놓으면 극적인 변화가 일어난다. 훨씬 더 놀라운 것은 이 변화는 역전될 수 있다는 것이다. 만일 이 세포들을 생쥐 초기 배아의 원래 환경으로 회복시켜주면 세포는 원래 방식대로 배아 발생을 계속할 것이다. 세포가 올바른 환경으로 되돌아오면 역전될 수 있는 암 상태의 특이한 경우 중 하나이다.

　종양세포가 생성되는 데 기본적인 역할을 하는 것은 진화 과정이다. 간 같이 정상 세포들이 증식하여 생긴 딸세포들은 부모 세포와 같다. 그러나 암세포에서는 부모와는 달리 변화된 딸세포들을 만든다. 종양세포의 변화 때문에, 유감스럽게도 가장 잘 증식하는 종양세포들이 선택되어 신체 방어에 잘 적응한다. 암 세포들은 결국 자기를 번식시켜주는 숙주세포를 죽이는, 어떤 의미에서 일종의 자살행위를 한다. 잠재력이 큰 악성세포가 많이 증식하면 할수록 그 자손 중 하나가 더 심각한 암 상태로 변형될 확률은 점점 더 커진다.

정상적으로 증식하는 세포들이 다른 세포보다 훨씬 더 많이 암을 일으키는 것 같다. 대다수의 암은 암종양(carcinoma)으로, 이는 보통 장의 표면 세포층이나 피부 같이 정상적으로 신체내막을 만들어내는 세포에서부터 유래된다. 이 세포들은 떨어져 나가는 세포들을 채우기 위해 끊임 없이 증식한다(6장). 백혈구 세포의 조상 역시 계속 증식하여 백혈구 암인 백혈병이 된다. 피부, 내장, 혈구에서 정상적으로 세포가 대치될 때 세포는 증식하고 분화하지만, 최종적으로 만들어지는 것은 피부세포나 혈구세포처럼 분화가 다 된 것으로 자기 자신들은 더 이상 분열하지 않는다.

그래서 암 발생은 세포가 정상적 발생을 거쳐 더 이상 증식하지 않는 세포로 분화되는 데 실패한 것이 주요한 특징이다. 예를 들어, 백혈병의 여러 형태에서 마치 세포가 성숙한 상태로 가는 경로가 방해받은 것처럼 제한 없이 증식을 계속한다. 정상적으로는 성숙한 혈구 세포를 만들기 위한 증식은 일생 중 극히 짧은 기간에만 일어난다. 그러나 암의 경우 성숙하는 데 방해를 받기 때문에 증식은 일생 동안 계속된다. 세포의 분화를 완성시킬 수 있는 물질이 발견되면 증식은 멈출 것이다.

전이되는 악성 세포들은 대부분의 정상 세포들에게는 장벽이 되는 모든 종류의 경계를 넘어서 이동해야한다. 피부의 색소 세포에서 유래되는 암세포인 흑색종(melanoma)은 침투성이 아주 크다. 이웃과 접촉이 상실되어 이동이 촉진될 뿐 아니라 혈관의 안팎을 드나들 수 있다. 세포 이동의 정상적인 조절은 상실된다. 흑색종 세포를 하나씩 분리해내 각각 따로 자라게 하고, 전이 능력을 조사하여 흑색종 세포들의 침투성 차이를 설명할 수 있다.

이것은 침투성이 대단한 것부터 거의 없는 것까지 매우 다양하다. 그러나 침투성이 보통인 종양 세포들을 각각 분리하여 새 집단을 만들도록 하면, 이 중에서 침투싱이 가장 높은 한 집단을 발견할 수 있다. 암세포는 스스로 번식하지 않지만 새로운 변종은 지속적으로 나타난다.

종양과 혈관

하버드 대학의 주다 포크만(Judah Folkman)은 연구 학생들에게 종양을 배양해서 지름이 2mm보다 크게 만들 수 있는 사람에게는 마이애미의 최고급 호텔에서 이 주일 동안 휴가를 주겠다고 제안하곤 했다. 세포처럼 종양도 배양 접시의 배양액에서 자랄 수 있다. 그러나 이 배양된 종양들은 항상 작고 미세해서, 지름이 수 cm인 신체 내에서 자라는 종양세포와는 전혀 다르다.

종양이 자라기 위해서는 혈액 공급이 필요하기 때문에, 신체 밖의 배양 접시 안에서는 종양세포가 작으므로 포크만의 포상은 받을 사람이 없다. 포크만의 요점은 종양과 혈관 사이에는 친밀한 관계가 있다는 것이다. 실제로 종양은 혈관을 자기들 쪽으로 자라게 유인한다. 혈관이 산소와 영양분을 공급하지 않으면 종양은 작게 남아 있거나 아니면 죽게 된다.

종양은 혈관을 자기 쪽으로 유인하는 물질을 분비한다. 혈관은 유인 물질이 있는 쪽으로 세포를 내보내며, 새로운 혈관이 종양이 있는 곳으로 빨려 들어간다. 일단 종양이 혈액 공급을 받게 되면 성장은 폭발적이다. 수주일 내에 종양은 원래 부피의 만육천 배까지 자란다. 아마도 몸에는 매우 작은 잠복성의 종양들이 있어 혈관이 생기기 전까지는 눈치채지 못하는 상태로 계속 있는 것 같다. 국부 혈관 발생은 치명적인 결과를 가지고 올 수 있다. 그래서 종양 근처의 혈관 발생을 억제하는 것이 암을 치료할 수 있는 새로운 실마리가 된다.

유전자와 암

유전자가 암의 발생을 조절한다. 그러나 세포 종류를 질서 있게 발현시키는 프로그램인 배아 발생과는 달리, 암의 유전적 조절은 유전자의 무작위 돌연변이를 일으키는데, 이때 유전자가 변경되기 때문에 암이 발생한다. 그러나 일부 유전자만이 관련되어 있다고 생각된다. 종양 유전자(oncogene)라고 불리는 이 유전자는 정상 유전자이지만 암이 발생하는 동안에는 그 활성이 변한다.

종양 유전자는 세포 번식 조절과 세포 분화 조절에 여러 방법으로 관여하지만, 그 활성의 변화가 이런 조절을 빗나가게 유도할 수 있다. 예를 들어, 어떤 종양 유전자는 성장인자를 만드는데, 인자의 상태가 변경되면 유전자가 항상 작동하여 세포는 자기증식을 자극하는 인자를 계속 분비한다. 세포 증식을 조절하는 회로망 내 어딘가 다른 곳에 관련된 단백질을 만드는 다른 종양 유전자도 있다.

또한 유전자 변화의 결과, 세포는 증식을 계속하게 되고 통제받지 않는다. 다른 유전자가 종양 유전자의 활성을 조절한다. 그래서 이런 유전자의 돌연변이가 암 상태로 이끌 수도 있다. 이는 증식을 간접적으로 촉진하는 회로가 영구히 작동하여 정상 분화로 가는 경로가 막혔기 때문이다.

72

노화

발생은 출생 후에도 중지하지 않는다. 어떤 동물에서는 발생 프로그램이 수년 동안 계속 일어나 이를 성장 프로그램이라고 설명한다. 시간이 지남에 따라 개체는 나이를 먹는데 이것이 어느 정도로 발생 프로그램의 일부인지는 명확하지 않다. 노령을 뜻하는 노화와 죽음의 가망성도 나이에 따라 증가한다. 이는 개체의 기능이 어떤 면에서 나쁘게 저하되었기 때문이다. 이런 의미에서 노화는 성장과 전혀 다를 뿐 아니라, 성장이 계속 일어나면 노화가 방지된다는 증거가 있다. 노화란 발생 프로그램이 끝날 때에만 우세해지는 특징이라고 생각할 수 있다.

생쥐와 코끼리를 생각하자. 같은 날 둘 다 수정이 이루어진다면 코끼리가 태어날 때 생쥐는 이미 늙어 있다. 코끼리는 15달의 수태기간 후 태어나지만, 15달된 생쥐는 살 날이 얼마 남지 않아 늙어가고 있는 중이다. 코끼리와 생쥐의 발생기작과 세포들은 매우 비슷하기 때문에 이 장에서는 노화에 대해 이해할 필요가 있다. 왜 어떤 동물은 일찍 노화되어 단명하고 어떤 동물은 장수할까? 배아 조직이 노화의 기미를 보이지 않고 갓 태어난 코끼리의 조직들이 노화되었다는 깃을 믿을 이유가 없다면——기능 손실이나 파손의 기미가 없다——노화는 배아 상태를 상실하는 것과 관계 있다고 생각하는 것은 그리 틀린 것은 아닐 것이다.

동물의 나이는 유전적 조절을 받고, 그 나이는 생식과 관계 있다. 사람은 생쥐에 비해서 상당히 오래 살 수 있지만, 생쥐는 매우 어릴 때 번식하고 야생에서는 일 년 이상 살지 못한다——보통 포식동물에게 잡혀 먹는다. 실험실에서 보호받을 경우만 생쥐는 여러 해 동안 살 수 있다——동물을 10내지 20년 동안 살도록 하는 묘수가 없기 때문에 또 실제 어떤 동물도 그렇게 살지 못하기에 진화적인 관점에서 이는 이치에 닿는다.

즉 동물이 번식하고 새끼를 돌보는 최고 조건에 있다고 확신하는 것이 가장 현명한 계략이다. 그 시간 전에 기능의 파손을 막으려고 모든 노력을 경주해야 한다. 그래서 코끼리가 태어날 때는 노화의 기미가 없다거나 또는 비슷한 연대에 있는 생쥐가 모든 면에서 노화되어 파손의 기미를 수없이 보여준다는 것은 사실 놀라운 일이 아니다.

같은 문제를 보는 또 다른 방법은, 동물을 생식에 필요한 생식세포를 배달하도록 만들어진 일종의 기계라고 생각하는 것이다. 건설공사나 보수에 투자하는 것이 가능한 한 경제적이어야 하므로, 배달하는 기계를 특별히 고안해야 하고 기능이 달성되면 분리되어야 한다. 그래서 생식이 끝날 때까지 좋은 상태로 확실히 남아 있기에 충분한

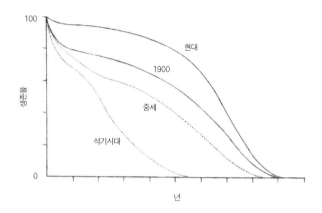

시대에 따른 생존율 변화.

수리 과정을 갖춘 신체, 즉 체세포인 배달 기계는 투자를 받고 있다. 한편, 그 생식세포들이 노화되지 않도록 투자하는 것도 가치가 있다. 노화에 대한 이런 접근을 체세포 임의이론(disposable soma theory)이라고 부른다.

진화에서, 번식에 영향을 주는 질병에 대항하고 노화 과정을 거슬리면 선택된다(살아남는다). 자식을 돌보는 것까지 포함하는 번식이 일단 끝나면, 더 이상 생존을 위해 선택할 수 있는 것은 없다. 우리 사회에서 노인들이 수많은 질병으로 괴로워하는 것은 이런 이유 때문이다. 겨우 몇 백년 전에도 대다수의 인구들이 늙기 전에 사망했고, 자식들이 출산과 양육기 후에 부모들을 살아 있게 유지시키는 방법이 거의 없었다.

중년에서 노년까지의 사람에게는 암이나 심혈관계의 질병에 걸리면 결코 살아남지 못했다. 공중위생이 개선되고 약이 발전되어 중년에서 노년으로 도달하는 사람의 수가 증가했기 때문에, 질병들도 자연적으로 발병한다. 나이가 드는 사람의 수가 증가하는 데도 불구하고 시람이 사는 최대 나이는 약 백십 실로 전혀 영향을 받지 않은 것 같다. 이는 우리가 아직도 본성을 이해 못하는 나이 장벽(age barrier)인 것이다.

특히 노화를 연구하는 문제 중 하나는 무슨 일이 일어나고 있는지 정의 내리기가 어렵다는 것이다. 이는 노화가 일개 단위의 과정이 아니라 많은 인자들이 관련되었기 때문일 것이다. 예를 들어, 우리는 치아의 노화를 아주 쉽게 볼 수 있다. 이는 단순히 마멸의 문제이다. 사실 코끼리가 늙어 죽는 이유는 치아가 마멸되고 다시 나지 않아 먹지 못하기 때문이다. 이처럼 수선을 못하는 것이 노화의 한 중요한 특징이다. 마찬가지로 관절의 마모도 나이를 알려준다. 생명 초기에 세포들이 계속해서 소실되는 뇌의 노화에도 수선되지 못하는 것이 아주 중요한 이유이다.

뉴런은 증식할 수 없고 새로운 뉴런도 만들어지지 않기 때문에 뇌의 총 뉴런의 수는 점차 감소한다. 심장과 혈관계의 질환이나 암도 일부는 수선되지 못하는 것으로 간주될 수 있지만 그 원인은 더욱 복잡하다. 앞서 우리가 보았듯이 암은 DNA상에 돌연변이가 축적되기 때문에 생긴다. 어떤 심장——혈관 질환은 손상들이 누적되어 발병한다——의 경우 혈관이 막히게 되는 일련의 사건들이 일어나 심장으로 혈액 공급을 막는다. 그리고 발작(뇌일혈)의 경우 혈관이 갑자기 터지고 그 다음에는 주위의 조직에 손상을 준다.

노화에 대한 체세포 임의이론에 의하면, 수명이 짧은 동물보다는 오래 살아 번식이 늦는 동물이 수선 기작에 더 많은 투자를 한다는 증거를 찾을 수 있게 한다. 이런 증거를 어디서 찾을 수 있을까? 이는 DNA 수선으로 DNA가 손상받으면 증폭되어 그릇된 단백질을 만들게 된다. 세포의 DNA 수선에는 복잡한 시스템이 있지만 수명이 긴 동물에서 더 오랫동안 더 좋은 기능을 보인다는 증거는 아직 확실하지 않다.

배양시 정상적인 세포들이 불멸은 아니라는 점에서 노화의 성질을 알 수도 있다. 연결 조직에서 온 세포들을 배양하면 단일층이 형성될 때까지 세포가 증식하다가 중지할 것이다(11장). 이 중 일부 세포들을 저밀도로 배양하면 다시 접시 바닥을 덮을 때까지 증식이 일어난다. 그러나 연속적인 배양으로도 증식이 끝없이 진행되지는 않고 정해진 세포 주기를 거친 후에 증식이 멈춘다. 세포는 죽지 않지만 증식은 중지한다.

젊은 성인에서 온 연결조직 세포들은 50번이나 세포 수가 두 배씩 늘어나는 반면, 나이 많은 사람에서 온 세포는 더 적은 횟수로 늘어난다. 이는 노화를 연구하는 데 이상적인 실험 시스템으로, 이 현상을 세포 안에서 실수들이 누적되어 결국 증식을 못하게 하는 것이라고 해석하려 한다. 이는 베르너 증후군(Werner's syndrome)이라는 희귀병을 알고 있는 어린이들의 발생에 잘 맞는다. 그런 어린이들은 조숙하게 노화가 일어나 어린 소년도 늙은이처럼 보인다. 이런 어린이의 섬유아세포(fibroblast)는 증식할 능력이 거의 없음을 보여준다.

제한된 증식 능력을 전혀 다르게 해석하면, 이는 노화과정과는 전혀 상관이 없지만, 세포가 원래의 자기 환경과 전혀 다르게 배양될 때 나타내는 세포의 반응이라고 볼 수 있다. 세포는 암을 일으킬 수 있는 증식을 제한하는 어떤 기작을 가지고 있는 것 같다. 증식을 중지시키는 것을 실수가 누적되었기 때문이라고 돌리는 것은, 세포를 바이러스로 감염시키거나 암을 일으키는 화학물질로 처리했을 때 세포가 불멸이 되어 끝도 없이 증식한다는 것과는 다른 이야기이다. 사실 불멸로 되는 것이 암이 발생될 선결 조건이다.

노화의 중요성을 의심할 수는 없지만 노화에 대해 연구하는 과학자들은 많지 않다. 1967년 피터 메다워(Peter Medawar)가 『*The art of the solutble*』에서 서술했듯이 노화는 과학을 연구하는데 좋은 예가 된다. 현 단계에서 그 문제는 너무 어려워서 맞는 문제만을 고르는, 재주를 타고난 과학자들만 이를 알아차릴 수 있다.

아직 우리는 사춘기나 폐경기의 시작조차도 잘 이해하지 못하고 있다. 이런 문제를 해결하기 위한 실험적 접근이 가능하게 될 때에만 더 많은 과학자들이 이 분야에 뛰어들 것이다. 아마도 발생 프로그램의 본성이 완전히 이해될 때 이런 접근이 가능하게 될 것이다.

73

재생

재 생은 배아 발생과 밀접하게 관련되어 있다. 영원은 사지를 완전히 재생할 수 있어 배아의 사지 발생에 관련된 세포 활성과 유사성을 보여준다. 그러나 그 과정은 꼭 동일하지만은 않다. 사지 재생의 경우, 새로운 사지는 사지싹에서가 아닌 절단면에 있는 기존의 어른 세포로부터 만들어진다.

주목할 만한 것은 어른 조직에서부터 사지싹을 닮은 어떤 구조가 발생한다는 것과 그 소실된 부분만 재생된다는 것이다. 또한 히드라 같은 다른 동물에서, 일부가 제거되면 놀랄 만한 재생력을 보여주는데 이는 초기 배아의 조절 성질과 약간 닮았다(3장). 이 모든 점에서 재생이란 배아의 조절과 관련된 것처럼 보이며 세포가 잃어버렸던 위치값을 되찾는 것이라고 여길 수 있다.

위치 정보의 기초가 되는 농도구배설(gradient theory)이 재생을 이해하려는 시도의 원조이다. 농도구배의 개념은 미국 배아학자인 토

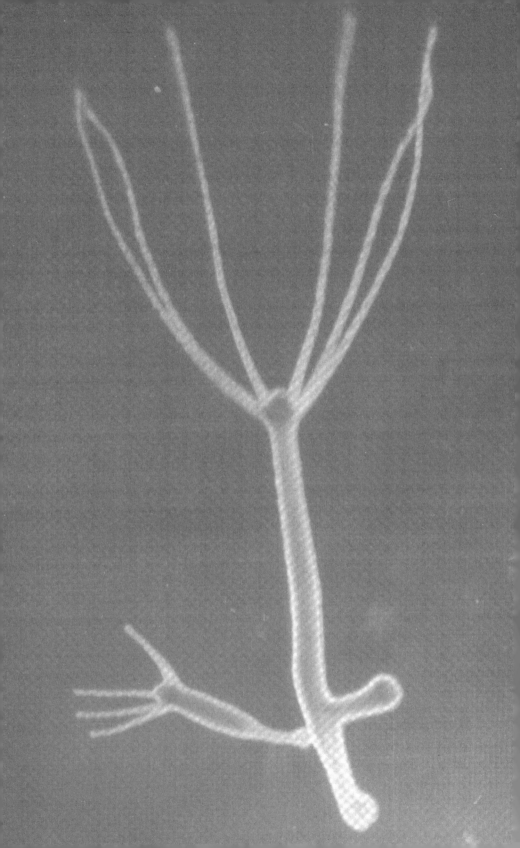

머스 헌트 모건에 의해서 19세기말에 처음으로 소개되었다. 그는 벌레와 해양 히드라의 재생에 대해서 연구하던 중, 잘려나간 부위가 다르면 다른 속도로 재생이 일어난다는 점에 놀랐다——원래 머리로부터 멀리 떨어지면 떨어질수록 재생이 점점 더 늦어진다. 그 결과를 설명하기 위해서, 그는 동물의 위치마다 농도 차이가 나는 어떤 성질이 있으며, 이런 농도 차이가 시스템의 극성과 재생율을 결정한다고 제안했다.

비록 그의 분석이 최근의 생각과 가장 가깝고 가장 명확했다고 하더라도 농도 차이에 대해 설명할 수 없는 모순이 있다. 그것은 가끔 농도 차이를 버리고 잘 밝혀지지 않은 어떤 물리적 장력에 근거를 둔 다른 모델로 돌아가곤 했다는 것이다. 그는 이미 언급했듯이(7장) 재생과 발생이 너무 어렵다는 것을 이미 알았기 때문에 모델로 초파리를 사용하는 유전학으로 돌렸다. 그러한 방향 전환 덕택에 유전학이 발전할 수 있었고 그는 노벨상을 받았다.

히드라

머리가 잘렸을 때 생존할 수 있는 동물들이 많지는 않지만, 히드라는 생존할 뿐 아니라 머리를 새로 만들기까지 한다. 히드라를 여러 방법으로 분할하여도 일 주일 내에 히드라는 정상 형태로 회복된다.

◀ 히드라. 머리, 몸, 발의 세 부분으로 생각할 수 있다. 머리에는 촉수(나뭇가지처럼 생긴 부분)와 입이 있고, 발은 부착하는 데 사용된다.

신체의 20분의 1만큼 작은 조각도, 비록 크기는 작지만 균형이 잡힌 히드라로 재생되어 촉수, 입, 발을 갖게 된다. 엄청나게 긴 동물을 만들기 위해서 처음에는 신체 몸통(body column)들을 가는 머리카락처럼 쪼갤 수도 있다. 그러면 며칠 내에 관을 따라 머리나 발이 다소 규칙적인 간격으로 생겨나게 되고 결과적으로 개개의 히드라가 분리되어 나온다.

1744년 스위스의 박물학자인 아브라함 트렘블리(Abraham Trembley)가 재생력에 대해 처음으로 발표하면서 전성설에 일격을 가해 과학계에 충격을 주었다. 히드라는 작은 장갑처럼 생긴 동물로 한 끝에는 먹이를 잡는 데 사용되는 촉수가 있고, 다른 끝에는 끈적끈적한 발이 있다.

트렘블리는 동네 연못에서 발견한 이 작은 동물에게서 매력을 느꼈다. 그는 자기 손바닥에 물 한 방울을 떨어뜨리고 히드라를 한 마리 올려놓고, 섬세한 기구로 머리를 잘라낸 뒤, 이 머리 없는 히드라를 접시로 옮겼다. 경이롭게도 이틀 내에 머리가 새로 생겨났고 이 히드라는 극히 정상적으로 기능을 수행하고 있었다.

전성설 학자들에게는 상실한 부분을 재생하는 이런 능력이 문제가 되었다. 만일 모든 것이 알 속에서 미리 형성되었다면 이런 새로운 부분은 어디서 나올 수 있었을까? 그러나 확신을 갖고 상상을 발휘하여 모델들을 만들었는데, 그 중 한 예는 히드라의 머리가 제거되면 잠재해 있던 미리 형성된 머리구성단위(head unit)가 활성화된다는 것이다.

히드라는 초기 배아에서 보여준(3장) 것과 비슷한 조절력을 보인

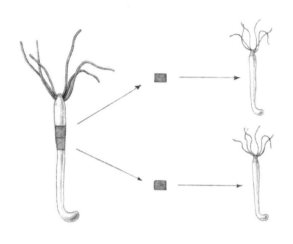

히드라의 재생. 몸 부위를 절단하여 머리 부분과 다리 부분으로 잘렸을 때 각각은 잘려나간 부분을 다시 만들어(재생) 두 개의 히드라로 된다.

다. 히드라는 덩치가 매우 커도 패턴은 같고 극성도 유지된다——분리된 조각의 원래 머리에 가장 가까운 단면에서 머리가 재생된다. 히드라는 머리, 몸, 발의 세 지역을 가지고 있다고 간편하게 생각할 수 있으므로, 프랑스 깃발에서 최초의 자극이 문제였다. 문제는 프랑스 깃발을——3분의 1은 파란색, 3분의 1은 흰색, 3분의 1은 빨간색——만드는 세포들은 줄 하나가 없어지거나 혹은 어느 지역이 제거되거나 혹은 그 줄이 얼마나 긴지 상관없이 항상 깃발처럼 보이게 한다는 것이다.

의심할 여지없이, 세포들은 색이 변할 필요가 있다. 왜냐하면 히드라의 재생은 세포 성장이나 세포 증식만 관련된 것이 아니기 때문이다. 재생이란 세포의 상태를 변화시켜 조직을 개조(remodelling)하는

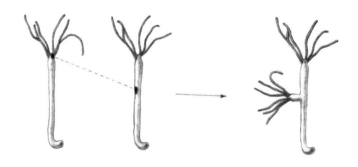

새로운 머리 생성. 히드라의 머리 부분을 다른 히드라의 몸에 이식하면 새로운 머리가 만들어진다.

것이다. 예를 들어 머리가 제거되면 바로 밑에 남아 있는 조직이 새
로운 머리지역으로 변한다.

히드라의 재생에서 중요한 점은 성장을 수반하지 않는다는 것이
다. 모든 세포 증식이 방해받더라도 머리 재생은 일어난다. 남아 있
는 조직을 개조시킨 뒤 동물이 다시 영양분을 섭취하기 시작할 때 성
장이 일어난다.

세포가 위치 정보를 갖고 있다는 것은 히드라의 재생을 잘 설명할
수 있게 한다. 만일 세포들이 자기 위치가 머리나 다리 끝으로 지정
받는다면, 원칙적으로 세포는 동물 안에서 자기가 어디에 있어야 할
지를 알아서 적절하게 행동할 수 있다. 이 머리의 경계 같은 성질에
대한 직접적인 증거는 히드라가 새로운 축을 만들 수 있다는 것이다.
작은 머리 절편을 다른 히드라의 몸으로 이식하면 머리가 있는 새 히
드라가 형성된다.

이 머리는 스페만의 양서류 형성체처럼 행동한 것이다(3장). 이 조

건에서 머리를 제거하는 것은 경계, 즉 위치를 지정받은 세포에 대한 좌표구역(reference region)을 제거하는 것으로, 머리 재생의 핵심 사건은 바른 머리 끝 경계를 새롭게 만드는 것이다. 이것이 이루어지는 방법은 두 종류의 농도 차이에 좌우된다.

히드라의 머리에서 억제제를 생성하여 몸통 아래쪽으로 확산시켜 다른 조직이 머리를 만들지 못하게 한다. 머리가 제거되면 그 억제제의 농도가 떨어져 새로운 머리가 만들어질 수 있다. 억제제의 농도와 머리를 만드는 능력은 차이가 있어 머리 쪽이 가장 높고 머리에서 멀어질수록 감소한다.

그래서 머리가 제거되면 억제제가 가장 크게 떨어지는 곳이 머리로, 거기에서 새로운 머리가 형성되도록 분화될 수 있다. 그리고는 일단 머리가 재생되면 농도 차이가 재성립된다. 기대한 것처럼 발끝에서도 비슷한 시스템이 작동하고 있다. 히드라의 재생에는 두 개의 분리된 과정이 기본적으로 수반된다. 하나는 머리끝과 발끝에 경계 지역을 세우는 것이고, 다른 하나는 이 경계와 관련된 세포 위치를 지정하는 것이다. 이런 관점에 보면 프랑스 깃발 문제를 해결하는 격조 높은 예가 된다.

잃어버린 부분을 회복하기 위한 히드라의 재생은 적응 기작으로 진화된 것일까? 정 반대이다. 히드라의 재생은 손실된 부분을 회생하려는 적응 기작이 아니다. 머리를 상실하는 것은 히드라의 일생에 드문 사건이다. 이런 재생력과 조절력은 히드라가 원래 출아법으로 생식하기 때문이다.

몸통의 약 중반 아래에서 싹(bud)이 작은 돌출을 내기 시작한다.

이런 돌출이 길어지고 끝에 촉수가 형성되며 몸통에 붙어 있는 자리에서는 발이 하나 형성되어 새롭고 작은 히드라가 떨어져 나간다. 완전한 새 히드라는 성체 몸통에 있는 조직에서부터 개조되어 패턴이 이루어지기 때문에, 출아법은 근본적으로 재생과 같다.

새로운 다리의 성장

영원의 사지 재생에서 성장은 중심점이다. 영원이 사지를 상실하면 그 상처는 치유된다. 선단부(절단면) 안쪽의 세포들이 일주일에 걸쳐 점차적으로 축적되어 지아(사지싹, blastema)라는 것을 형성한다. 그 다음 주 동안에 선단부 지아가 자라고 분화되어 상실된 사지를 만들어 낸다. 만일 상박골 한가운데서 절단이 일어나면 잃어버린 상박골과 나머지 사지가 재생될 것이며 손목에서 절단이 일어나면 손이 재생될 것이다.

문제는 지아가 어느 구조를 만들지, 또 분명히 상실된 부분만을 만들어낼지를 어떻게 아느냐 하는 것이다. 세포는 사지에 있는 구조들에 대한 모든 정보에 접근할 수 있을까? 그러나 그런 정보를 갖고 있지 않아서, 그들의 행동은 절단면에서 일어나는 매우 국부적인 사건들에 의해서 전적으로 결정된다는 근거가 있다.

재생은 절단면에서 먼 위치값을 새로이 만들어내는 것이라고 생각될 수 있다. 사지 위치에 따라 세포들은 배아 발생시에 정해진 위치값을 가지고 있다(4장). 지아는 위치값이 절단면에 있는 것과 일치하는 세포들을 포함하고 있어, 그 지아는 배아의 사지에 있는 진행구역

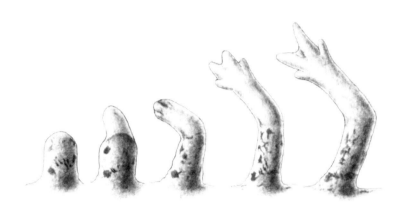

영원의 사지 재생. 다리의 일부가 잘렸을 때(왼쪽) 절단면의 세포들은 지아를 형성하여 상실된 부분을 재생한다(오른쪽).

과 어느 정도 유사하다. 즉 성장을 겪으면서 절단면에서부터 더 멀어지는 위치값을 만들어낸다.

이런 방법으로 절단면에서 연속성이 확립되어 상실한 먼 위치만이 재생된다. 예를 들어 상박골에서 절단은 지아에게 몸통에 가까운 쪽(근위)의 위치값을 주지만, 손목에서의 절단은 지아에게 훨씬 더 먼 위치를 갖게 한다. 이런 설명은 세포들이 사지에 대해 모두 알아야 하는 것을 요구하지 않는다. 지아 내 세포들은 단지 더 먼 위치값을 만들 뿐이다. 이는 상실된 부분을 정상적인 재생으로 대치할 것이지만 어떤 조건하에서는 이미 갖고 있는 구조들까지 재생하기도 한다.

1930년대에 행한 한 고전 실험에서 사지가 근위 절단면과 원위 절단면에서 모두 재생되도록 배열하는 방법을 보였다. 영원에서 사지의 손을 표피 아래의 조직판(flap)에 넣어주었더니 혈액 순환이 생겼다. 상박골 사지를 자르면 재생이 일어날 수 있는 면이 두 개 생긴다. 근위면에서 정상적인 방법으로 원위 구조들을 재생했다.

그러나 원위면은 어떤가? 영원의 나머지 부분들이 재생될 수 있을까? 원위면에서 새생된 것은 다른 면에서부터 재생된 것과 정확하게 똑 같았다——더 원위 구조들——그러나 핵심점은 비록 잘못된 방향으로 향하고 있더라도 요골(radius)과 척골(ulna)처럼 이미 가지고 있던 구조들을 재생했다는 것이다. 분명히 이 세포들은 사지의 다른 부분에서 나오는 정보를 사용하지 않고 원위 방향으로 재생이 일어날 뿐이다.

재생이 뛰어난 바퀴벌레의 다리는 국부적인 상호작용을 논의하는 데 매우 명백한 예로 사용된다. 경골은 바퀴벌레 다리의 한 부분이다. 경골을 위치에 따라 1번부터 10번까지 표시하고 이를 각 위치값으로 생각할 수 있다. 즉 2번부터 9번(2-9)까지 제거하고 1번과 10번을 연결하면 상실된 2-9번이 재생되어 정상적인 경골이 된다. 이제 경골을 10번에서 자르고 다른 바퀴벌레에서 1번에서 자른 것과 서로 붙여 주면, 10번에 1번이 붙게 되어 이번에는 경골이 길게 된다. 그러면 경골은 정상을 회복하기 위해서 정상보다 긴 부분을 제거하여 더 짧아져야 한다. 그러나 전혀 반대현상이 일어났다. 2-9번까지 재생되어 경골은 더 길어졌다. 그리고 분명히 세포들은 경골 전체 길이에 관련된 어떤 통합(global) 신호에 반응하지 않고. 오히려 국부적인 신호에 반응한다.

여기서부터 재생을 조절하는 중요한 규칙이 출발한다. 세포를 원래 자기의 이웃이 아닌 다른 세포 곁에 두면 상실한 위치값을 사이에

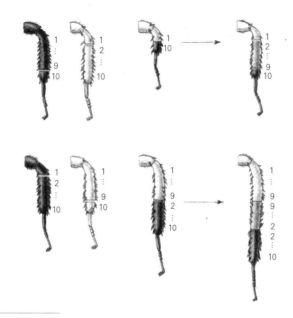

바퀴벌레의 다리 재생.

끼우면서 반응하는데, 이 시스템은 위치값을 자연스럽게 연속되도록 확실히 조절한다. 즉 위치값 1번이 10번 옆에 놓이면 2-9번까지가 만들어진다. 1번이 10번과 연결되는 순서도 다르지 않다. 이 실험은 세포가 위치값을 갖고 있다는 것을 보여주는 훌륭한 증거가 된다.

여기에서 이차원상에서 위치값을 조절하는 더 복잡한 모델들로 놀라운 결과들을 설명할 수 있다. 예를 들어 바퀴벌레의 왼쪽 다리를 오른쪽 잘린 부분에 이식하면 연결 부위에서 두 개의 다리가 자라서 나온다.

이는 원위 위치값을 만드는 조건이 확립되었기 때문이다. 영원의 다리에서도 비슷한 결과를 얻는다. 놀라운 것은, 양서류와 곤충에서 다리의 재생이 같은 원리에 따른다는 것으로, 이는 어떤 태고적 기작과 근본적인 기작이 포함되어 있는 것을 의미한다.

이 더 복잡한 모델은 위치값이 주축을 따를 뿐 아니라 원주 주변에 있다고 본다. 사지의 원주 주변에는 위치값이 시계처럼 원형으로 12, 1, 2, 3, … 9, 10, 11 그리고 다시 12로 정렬되어 있다. 이 값은 계속적으로 돌아간다. 이 모델의 주된 특징 중 하나는, 만일 위치값이 완전한 원으로 되어 있지 않다면 원위 위치값이 생성되지 않을 것이다.

그래서 만일 사지가 반쪽짜리 두 개인 12 … 3 … 6 … 3 … 12로 구성되어 있다면 재생이 안될 것이다. 또 다른 특징은 위치값이 하나의 완전한 원형으로 있으면 원위 변형은 항상 일어난다는 것이다. 왼쪽 다리를 오른쪽 잘린 면에 이식해주면 연결된 자리에서 다리가 하나 더 나오는 것을 설명할 수 있는 것은 바로 이 규칙이다.

영원에서 재생되는 사지의 구조는 절단된 사지의 위치에 따른다. 레티노산은 지아의 위치값을 변경시키는 능력이 있다. 만일 손목이 절단되었을 때 레티노산을 처리하면 위치값이 변경되어 어깨 수준으로 변한다. 그러면 손은 더 이상 형성되지 않지만 손목에서 사지 전체가 아주 새로 재생되어 나온다. 이는 긴 이중 사지를 만드는 데 그것은 상박골, 요골과 척골, 손목(wrist), 손가락으로 된다. 즉 레티노산이 손목 세포의 위치값을 어깨의 위치값으로 바꾼 것이다. 닭의 사지 발생에서도(4장) 레티노산이 위치값을 지정하는 데 어느 정도 관련되어 있다.

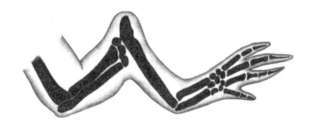

레티노산이 재생에 미치는 영향. 영원의 손목이 절단되고 레티노산을 처리하면 기존의 상박골과 요골 및 척골을 만들고 상실된 손목과 손가락도 재생시킨다.

레티노산이 위치값을 바꾼다는 것을 알게 되었으므로, 확실하고 비교적 간단한 프로그램으로 위치값의 분자적 기초를 발견할 수 있어야 한다고 생각된다. 그렇다면 레티노산을 넣어 줄 때 일어나는 화학적 변화를 조사하면 어떨까? 원칙적으로 이 논법이 맞지만 사실은 훨씬 더 어렵다. 세포의 반응은 항상 많은 화학 변화를 수반하는 데 문제는 어느 것을 조사해야 하느냐이다. 레티노산을 넣어줄 때 활성화되는 핵심 유전자를 찾아내는 것은 매우 어렵다. 일반적으로, 신호에서부터 초기 반응을 거쳐 후기 반응으로, 그리고 세포의 반응까지 가는 경로는 너무 복잡해서 다른 시스템에서도 거의 연구되지 않고 있다.

영원의 사지 재생에서 독특한 성질은 신경에 의존한다는 것이다. 척수에서 나와 사지로 가는 신경이 잘라지면 사지가 재생되지 않는다. 그 신경은 성장에만 필요하고 재생의 본성을 결정하는 역할이 없다. 사지로 들어가는 신경이 충분히 많이 있는 한 신경의 종류는 문제가 되지 않는다. 신경의 역할은 자라나는 지아에게 꼭 필요한 성장

인자를 공급하는 것 같다.

영원은 다른 기관을——예를 들어 아래턱 전체를——재생할 수 있다. 수정체가 제거되면 홍채가 완전한 수정체를 재생해낸다. 히드라 같이, 영원도 환경직 외상에 적응하는 내단한 힘을 가지고 있다고 생각해서는 안 된다. 오히려 그런 재생력은 일부분이 제거되었을 때 배아의 능력이 뜻밖으로 연장되는 것으로 볼 수 있다. 영원의 성체는 배아의 특성 중 일부를 보유하고 있다.

재생과 조절

포유류의 사지는 재생되지 않는다. 그럼에도 불구하고 사람을 포함하는 포유류의 정상적인 삶에서 수리 과정이 계속적으로 일어난다. 세포들의 대체가 일어나는 것은 혈액, 피부, 장의 내막에서 정상적인 사건들이다(6장). 피부와 간 같은 포유류의 기관들은 손상 입었을 때 수리할 수 있는 능력이 있지만, 이런 과정들이 배아에서 일어나는 과정들과 반드시 비슷하지는 않다.

그러나 어린아이들은 손가락 끝이 잘렸을 때 잘린 부분이 첫 번째 관절 밑으로만 아니면, 재생할 수 있기 때문에 사지 재생력이 있다는 증거가 된다. 포유류가 재생력이 없는 이유와 또 그 능력이 회복될 수 있다는 것을 이해할 수만 있다면 대단한 성과일 것이다.

현 시점에서, 포유류 사지가 더 이상 새 위치값을 갖는 세포들을 만들 것처럼 보이지 않는다라는 것 외에는 다른 만족할 만한 설명이 없다. 즉 그들은 배아의 특성을 상실해 버렸다. 그러나 이것이 의미

섬모류. 단세포동물은 섬모를 사용하여 수영한다.

하는 것을 분자적 용어로 알 때까지는 매우 유용한 설명이다.

재생에 관련된 기작은 일부분이 제거되었거나 혹은 재배열되었을 때 초기 배아의 조절에 관련된 기작과 매우 비슷하다(3장). 재생과 조절의 많은 양상들은 새로운 위치값을 만드는 것이라고 이해할 수 있다. 그 과정들은 배아 발생의 기초적인 양상을 나타내어, 곤충과 양서류 같이 전혀 다른 동물끼리도 매우 유사함으로 이런 일견을 강조할 수 있다. 이 과정의 기본 성질을 지지하는 놀라운 자료가 있다.

원생동물(protozoa)은 매우 복잡할 수도 있는 단세포 개체이다. 그 중 큰 그룹 하나는 섬모류(ciliates)이다. 그 이름이 뜻하듯이 표면에 작은 채찍 같은 섬모를 가지고 있어 수영할 수 있고 입으로 물이 흡수된다. 이 단세포 동물에서 섬모의 패턴과 표면 구조들은 매우 복잡하다.

현저한 특징은 일부가 제거되었을 때 재생과 조절할 수 있다는 것과, 이런 재생을 지배하는 규칙이 곤충과 양서류에서와 비슷하다는 것이다. 예를 들어 마치 세포의 표면을 덮는 한 세트의 위치값이 있어 잃어버린 값을 채우려는 경향이 있는 것이다. 이때 단세포 체계나 다세포 체계 모두에서 똑같은 현상이 관찰되는 점은 놀랍다. 아직 밝혀지지 않은 어떤 기본적인 기작이 있다고 믿을 수밖에 없다.

74

진화

위 대한 배아학자인 칼 폰 베어(Karl von Baer)가 직면했던 진퇴양난에 대한 이야기가 있다. 그는 1828년에 〈나는 두 개의 작은 배아를 알콜에 보존하고 있었는데 이름표 붙이는 것을 잊어버렸다. 현재 나는 그들이 어느 속(Genus)에 속하는지 결정할 수 없다. 아마도 도마뱀이거나 작은 새 아니면 포유류일지도 모른다〉라고 썼다. 베어는 여러 동물의 배아를 찾는 데(이름표를 붙이면서) 많은 시간을 보내면서 일반적이고 중요한 결론에 도달했다. 즉 발생의 극히 초기에는 동물들의 공통된 특징이 나타나고 다른 특징들은 나중에 나타난다는 것을 알았다.

예를 들어 베어가 이름표를 안 붙인 표본을 구별해야 했듯이, 척추동물에서 초기 배아의 머리와 몸은 매우 비슷해서 나중이 되어야 어류나 조류의 뚜렷한 특징이 나타나고 사람의 머리나 몸이 드러난다. 여기서 우리는 베어도 미처 몰랐던 진화와 발생 사이의 매우 중요한

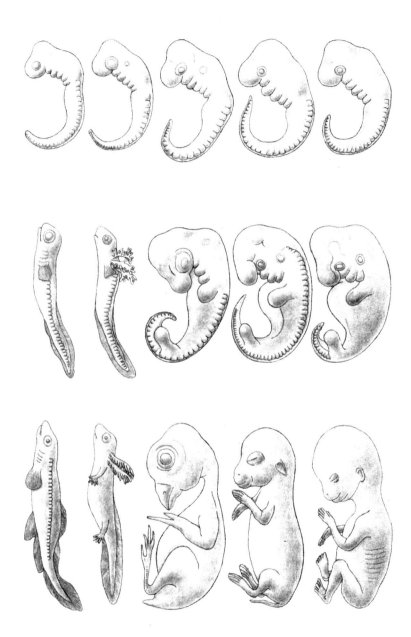

관계를 알 수 있다. 척추동물에서는 동물의 일반적인 특징이 발생 초기에 나타나고 여기에서부터 더 특수화된 특성이 발생한다고 분명하게 언급한 것은 바로 그였다.

이런 일반적인 특징과 특수화된 특징 사이의 관계를 진화라는 말로 이해할 수 있다. 진화하는 동안 성체가 여러 가지 특징을 갖게 하기 위해서 배아 발생은 변경된다. 나중에 진화된 동물들은 원시 조상의 발생이 변경된 결과인데 종종 원시 조상의 배아 특징 중 어떤 것을 아직도 볼 수 있다. 예를 들면 모든 척추동물 배아의 머리 부분에서 보이는 궁형(arch)들과 갈라진 틈(cleft)들이다.

이런 궁형과 갈라진 틈들이 원시적이고 턱이 없는 어류에서는 아가미로 되었고, 이후에 척추동물에서는 턱과 다른 구조로 변형되었다. 포유류 같이 더 고등한 동물은 어류의 아가미(새열, gill cleft)를 닮은 구조가 있는 배아 단계를 거친다. 이런 닮은꼴은 착각을 일으키게 하는데 포유류의 배아 구조들은 단지 아가미를 만들 어류의 배아 구조를 닮았을 뿐이다.

다윈을 열렬히 지지하였던 독일의 에른스트 헤켈(Ernst Haeckel)은 아주 다른 관점을 견지했다. 헤켈은 배아는 자기 조상들의 성체(adult) 단계를 거치므로 배아 발생 연구는 동물이 어떻게 진화되었는지를 밝힐 수 있다고 주장했다. 그는 〈개체발생은 계통발생을 반복한다(Ontogeny recapitulates phylogeny)〉는 구절을 만들어 그의 유명하고도 악명 높은 한 법칙으로 정리하였다.

◀ 발생과정 중에 보이는 유사한 형태. 발생과정 중 초기 단계(위)는 매우 유사하고 진행되면서 다른 특징(중간)들이 나타나 결국 최종형태(아래)는 각기 다르게 된다.

여기서 개체발생은 단지 배아의 발생을 뜻하고 계통발생은 한 동물의 진화적인 역사이다. 그는 사람(*Homo sapiens*)을 진화의 최고 정점이라 여겼다. 그러므로 사람 배아가 거치는 연속적인 발생단계들은, 사람이 진화해 나온 하등 생명체의 성체형에 대응한다고 생각했다. 헤켈에게, 사람의 발생시 머리 뒤에 한 세트의 궁형과 갈라진 틈이 있는 발생단계는 어류의 원시 조상이고, 베어가 아주 명백하게 밝힌 배아 어류의 구조는 아니었다.

되돌아보면 이런 이론이 왜 그렇게 넓은 지지를 받았었는지를 이해하는 것은 쉽지 않다. 프로이드(Freud)조차도 크게 영향을 받아 본능(id)이나 자아(ego) 그리고 심리발달의 여러 단계들에 대한 그의 개념은 헤켈의 관점을 반영한다. 그러나 배아는 자기 조상들의 성체 단계를 지나지 않는다. 개체발생은 계통발생을 반복하지 않는다. 오히려 개체발생은 다른 개체발생을 반복한다 ——조상의 어떤 배아적 특성이 배아 발생에 나타난다.

척추동물처럼 관련 있는 동물들 그룹에는 그룹 내 모든 구성원에게 공통된 발생단계가 하나 있다. 이 단계는 계통발생 단계(phylotypic stage)로 그룹 내 모든 구성원들이 계통발생 단계를 지나게 하는 발생 프로그램을 하나 가지고 있다. 척추동물에서 매우 원시적인 머리를 가진 신체 주축과 처음 몇 체절이 보이는 낭배 형성 단계 다음에 계통발생 단계가 온다.

계통발생 단계 전과 후는 발생 경로가 전혀 다르다. 예를 들어 비록 계통발생적 단계——베어가 이름표를 붙이지 않았던 병에서 어려움을 겪었던——에 서로 비슷하게 보이더라도 척추동물 배아의 초기 발생과 낭배를 형성하는 방법은 몇몇 특징만 공통적일 것이다. 포유류의 배아는 낭배형성기까지 자기 자신의 고유한 발생 경로를 따른다. 초기 사건들은 착상이나 태반 형성에 관련된 배아외적 구조를 형성할 조직을 만든다. 반면 진짜 배아는 훨씬 더 작은 세포 군에서부터 발생한다(3장). 반대로 양서류 배아는 난황이 많은 알에서 직접 발생한다.

어느 정도는 계통발생 단계가 모든 척추동물을 연결하는 핵심적 특징이다. 우리가 확실히 이해를 잘 못하는 어떤 이유 때문에, 계통발생 단계 전·후에 발생을 변화시키는 것이 진화하는 동안에는 아주 쉬운 것처럼 보인다. 그러나 그 단계 자체는 일정하게 남아 있다. 이는 기능을 가진 동물이 발생하는 데 한 기본적인 단계이다. 아마도 다소 이르거나 늦게 다양성이 허용되기 때문이다.

진화가 일어나는 동안 한 조직의 변형에 대한 좋은 예는 바로 이 궁형에서부터 온다. 헤켈이 생각했던 갈라진 틈은 원시 어류의 아가미를 나타낸다. 먼 과거에는 이것들이 성체 어류에서 아가미 역할을 하는 궁형으로 발생해 산소 교환의 수단이 되었다. 원시 어류는 턱이 없고, 앞쪽 궁형이 턱을 형성하도록 변형되어 의심할 여지 없이 진화상 주요한 한 진보였다.

우리의 턱은 발생 동안 머리 부분에 나타나는 첫 번째 궁형에서부터 아직도 발생한다. 어류에서는 더 뒤 쪽 궁형과 틈이 아직도 아가미로 발생한다. 그러나 모든 포유류에서 이 궁형들은 일시적인 구조로 목구멍에 있는 구조들을 만든다. 즉 진화가 일어나면서 조상 어류가 바다를 떠나, 물과 육지에서 모두 살 수 있는 동물——양서류——로 되면 이 궁형과 틈은 더 이상 필요없게 된다. 그러나 더 이상 아가미를 형성하지 않더라도 그들이 배아 발생에는 계속적으로 남아 있다.

대신에 변형될 수 있는 시스템을 만들어 달리 적응(adaption)할 수 있게 했다. 프링스 분자생물학자인 프랑수아 자콥(François Jacob)의 말대로 진화 과정은 일종의 땜장이(tinker)와 같을 수도 있다. 땜질(tinkering)이란 원래 만들어진 목적이 아닌 전혀 다른 목적으로 재료를 사용하는 것을 뜻한다. 땜장이들은 손에 잡히는 것이면 무엇이든 사용한다.

땜질의 또 다른 예는, 소리를 고막에서 내이로 전달하는 세 개의 작은 뼈 중 하나의 기원이다. 파충류인 도마뱀은 이 뼈가 두 개만 있어 소리 전달이 효과적이기는 하지만 덜 효율적이다.

이 세 번째 뼈는 어디서 왔을까? 바로 아래턱에서 유래했다. 아래턱 뼈가 하나인 포유류와는 달리 파충류 조상은 턱에 뼈가 여러 개 있는데 진화상 힘이 더 강해지는 장점을 지닌 하나의 뼈로 바뀔 때 턱뼈 중 하나가 남게 된다. 턱의 뒤에 있게 된 이 뼈가 땜질을 통해서 완전히 새로운 기능을 갖게 되어 소리전달체계의 세 번째로 되었다.

신장(콩팥)의 발생은 우리가 어류였던 과거를 의심하지 않게 한다. 모든 포유동물에서 신장의 발생은 어류와 매우 비슷하게 시작된다. 신장은 처음에 체강(body cavity)의 앞 끝에서 발생하기 시작하지만 일시적이라 사라진다. 또 몸의 약간 뒤쪽에서 또 다른 어류 같은 신장이 발생하지만 기능은 없고 사라지지 않고 변형되어 난소나 정소와 관련된 구조를 형성한다. 기능을 가진 신장은 전혀 다른 조직에서 부터 다소 뒤쪽에서 발생한다.

기능의 다양성

발생 프로그램의 변화는 유전자의 변화 때문이라고 생각할 수 있다. 땜질이 무엇을 이루든, 배아의 유전적 구성에 변화를 일으킴으로써 땜질이 이루어진다. 이런 변화는 매우 오랜 기간에 걸쳐 일어나고 작지만 많은 변화들의 결과를 나타낸다.

점진주의자(gradualist)들의 이런 관점은, 유전자의 조합에 의해서 한 세대 내에 아주 극적인 변화가 일어날 수 있다고 제안해오던 사람들의 관점과 정반대이다. 극적인 변화에 대한 증거는 없다. 예를 들어 말의 다리 진화를 조사하면 점진론에 대해 좋은 증거가 되고, 우리가 기대했던 것보다 훨씬 적은 유전자들이 필요했음을 안다. 이렇게 단순하게 점점 더 커지는 것이 대단한 결과를 초래했다.

화석상 어류의 지느러미(왼쪽)와 사지의 기본 패턴(오른쪽) 사이의 유사성.

척추동물 사지의 기본 패턴이 박쥐나 말처럼 사지를 다양하게 만들게 변형되어 왔다(4장). 사지 자체의 기원은 육지에 사는 동물로 진화한 어류의 지느러미로 거슬러 올라간다. 여기서 변천(transition)을 자세히 보면 좀 애매모호하지만, 어류 화석의 지느러미와 사지의

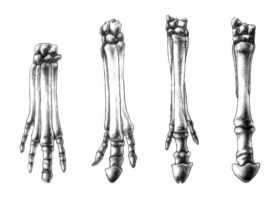

말에서 다리의 진화.

기본 패턴이 유사함은 확실하다. 이 최초의 패턴이 존속되어 오기도 하고 변형되기도 했다는 것이다.

현재의 말은 하나의 발가락으로 뛴다. 그러나 그 조상들은 다섯 개의 발가락으로 땅을 밟았다. 말의 다리는 변형되어 중앙 발가락만이 길고 강하며 끝에 발굽을 갖게 되고 나머지 발가락들은 사실상 사라져버렸다. 남아 있는 것이라곤 두 개의 부목 같은 구조로 땅에 전혀 닿지 않고 닿더라도 전혀 쓸데가 없게 된다. 다섯 발가락을 가진 말이 단 하나의 발가락을 가진 말로 전이된 증거는 바로 화석이다.

진화가 일어나는 동안 말이 점점 커졌기 때문에 다리도 점점 길어지고 또 자기 발가락으로 뛰려는 경향이 있었다. 가운데 발가락의 성장률이 측지의 성장률보다 훨씬 빨라서 비례적으로 가운데 발가락이 훨씬 길게 되었다. 처음에는 단지 세 개의 발가락이 땅에 닿았지만 말의 크기가 증가함에 따라 가운데 발가락이 균형적으로 제일 길어져 옆의 두 발가락은 땅에 닿지도 않게 되었다.

성장 조절에 있어 작은 변화가 어떻게 옆의 발가락들을 작게 감소시키고, 가운데 발가락을 크게 증가시키는지를 아는 데는 대단한 상상력이 필요하지 않다. 사지 구조의 이러한 변화를 일으키는 데 필요한 유전적 변화는 생각했던 것보다 적다. 부분적으로 이는 단지 말이 단순히 커졌기 때문이다. 국부적으로 성장률의 변화가 일어나고 옆의 발가락들을 부목으로 감소시켰을 것이다. 발생 프로그램을 바꾸는 데 필요한 유전적 변화는 상대적으로 수가 적을 것이다.

　아일랜드 고라니(Irish elk)는 과도한 성장으로 죽었을 것이다. 이 거대한 사슴의 화석을 보면 키가 거의 10피트(3m)이고, 거창한 부채 모양의 뿔은 12피트(3.6m)나 된다. 이런 고라니는 약 1만1천 년 전에 멸종되었는데, 그 거창한 뿔 때문에 글자 그대로 짓눌렸을 것이라

고라니의 거창한 뿔.

고 추측된다. 또 다른 추측으로는 뿔의 성장과 신체 크기 사이의 관계 때문에 과대한 뿔이 발생했다는 것이다. 두개골 화석을 분석하면 뿔이 두개골보다 2.5배나 빠른 성장 속도로 자랐다는 것이다. 그래서 적응값을 가정할 때, 동물의 크기가 증가함에 따라 급속한 성장 속도를 가진 뿔의 크기가 훨씬 더 커졌고 너무 커서 지탱할 수 없게 되었다.

크기 증가가 체형에 중요한 영향을 주는 반면, 결정적인 것은 국부적인 성장률이다. 조개류에서 국부적인 성장률이 바뀌면 껍데기 모양이 극적으로 변하게 된다. 껍데기는 주축을 따라 나선형으로 자라는 것이 정상이다. 게다가 이 축을 따라 자라면서 3차원의 나선형을 만들어간다. 껍데기 성장에 관한 컴퓨터 모의 실험이 수행되었다. 성장률을 조절하는 숫자를 여러 방향에서 바꾸어줌에 따라 연체동물의 각 군을 대표하는 여러 가지의 껍데기들이 만들어진다.

모의 실험에서 중요한 점은, 형태의 변화가 기본적인 성장 기작의 변화를 수반하는 게 아니라 여러 지역에서 일어나는 성장률을 수반한다는 점이다. 이는 유전자의 영향을 받는 것 같다. 이 상황은 작은 변화가 사지 성장을 바꿀 수 있는 방법 혹은 세포층이 접히는 형태와 매우 비슷하다(2장). 연체동물에서 원칙적으로 성장률을 조절하는 유전자상의 변화가 한 종류를 다른 종류로 전환할 수 있다.

영국의 생물학자인 다키 톰슨(D'Arcy Thompson)의 대작인 『성장과 형태 *Growth and form*』는 발생 기작에 대해 거의 알려진 바가 없을 때 쓰여졌다. 그러나 그는 현명하게도 성장 좌표를 통찰해냈다. 게나 어류 같은 개체의 전체적인 모양을 사각형의 좌표 상에 나타내

조개류의 껍데기 모양. 껍데기의 국부 성장률이 다르기 때문에 다른 모양으로 된다.

고, 그 다음 좌표를 자연스럽게 찌그러뜨리면 관련된 어류나 게의 신체 모양을 아주 쉽게 얻을 수 있었다. 마치 쉽게 형이 바뀔 수 있는 평평한 고무판에 모양을 그리고, 여기저기서 그 판을 잡아당기거나 누르는 것과 같았다.

이 모든 변형은 자연스럽고 연속적이었다. 물론 이 변형은 좌표계의 변화가 아니라 같은 좌표계에 있는 여러 위치에 국부적인 성장률 변화이다. 두개골에 대해서도 비슷한 변형을 그릴 수 있었다. 얼굴(2장)은 머리 부위에 있는 일련의 팽창부(bulge)로부터 발생한다. 그래서 초기 배아 단계에서 고양이와 개, 사람과 생쥐를 서로 구별하기는 쉽지 않다. 얼굴 특징상의 차이는 이런 팽창부들이 어떻게 자라는가에 주로 의존한다. 유전자가 어떻게 위치값에 따라 성장률을 변화시키는지를 상상할 수 있다.

형태 진화상 핵심적인 변화는 세포를 공간적으로 배치시키는 발생 프로그램을 조절하는 유전자에 있다. 사람과 침팬지의 차이는 공간적 구성의 차이 때문이 아니라 근육, 연골, 피부 등등의 특정 종류의 세포 변화 때문이다. 사람과 원숭이의 단백질을 비교한 연구들에서

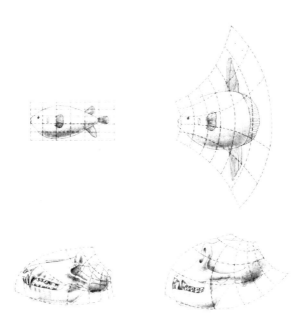

국부 성장에 관한 모의 실험. 한 개체의 전체적인 모양을 좌표에 나타내고(왼쪽) 그 좌표를 다양하게 변형시켜 새로운 형태(오른쪽)를 만들어낸다.

이에 대한 직접적인 확신을 갖게 된다. 만일 평균적인 필수 단백질을 ——효소로 작용하거나 혹은 세포 구조나 세포 운동에 기본이 되는 ——만드는 유전자를 보면 사람과 침팬지 사이의 유사성은 99퍼센트 이상이다. 그 차이는 단백질 종류(building block)가 아니라 배열 방법인데 바로 패턴과 성장을 조절하는 조절 유전자가 조절하는 것이다.

유형 성숙 과정의 원숭이

발생 시기의 변경은 중요한 변화를 초래한다. 예를 들어 새로 태어난 캥거루는 팔이 매우 잘 발달되어 있어서 복대 주머니로 기어올라 갈 수 있는 반면 다리는 아직 미발달 상태이다. 이러한 시기 변화 중 가장 흥미로운 것은, 동물이 성적으로 성숙하는 동안——유형성숙 (neoteny)이라고 알려진 과정——유년기의 특징을 보유하고 있는 것이다. 성적 성숙의 시기는 효율적으로 앞당겨진다. 예를 들어, 멕시코 액소로틀 같은 도롱뇽(salamander)은 유생보다 더 진행되지 않고 변태 과정을 겪기 전에 성적으로 성숙해진다. 도롱뇽의 유생은 사지가 잘 발달해 있으나 놀랍게도 큰 아가미 같은 구조가 있어, 물에서 숨을 쉴 수 있다. 어류처럼 물에서만 살고 뭍에서는 살 수 없다는 것이다.

올더스 헉슬리(Aldous Huxley)가 1939년 쓴 과학소설 『*After many a summer*』에서, 누구나 영원히 살게 하는 불로장생약(elixir)을 개발하라고 한 과학자가 고용되었다. 그는 마침내 여러 해 동안 같은 실험을 계속 해오고 있는 귀족 출신의 한 신사에 대해 듣게 되었다. 그 사람은 200살이 넘었다. 그 과학자가 그를 만났을 때 그는 건강한 상태로 있지만 고릴라로 되어가고 있음을 알았다. 성장이 계속되면 〈유인원 태아는 성숙할 수 있다(foetal anthropoid was able to come to maturity)〉고 결론 내렸다.

헉슬리는 동물학자인 줄리안 헉슬리(Julian Huxley)의 이복 오빠로서 그녀는 상대적인 성장률에 대한 연구를 하고 있었기 때문에 자기

오빠의 이야기가 농담이 아니라는 것을 알았다. 인간의 기원에 대한 그럴 듯한 이야기는 인간은 조숙한 원숭이였고, 미성숙한 원숭이 같은 동물이 성적으로 성숙해져서 인간이 되었다는 것이다.

인간은 유형 성숙과정의(neotenous) 원숭이 같은 형태로부터 진화되었을지 모른다. 이런 관점을 지지하는 여러 가지 특징들로 체모의 감소, 상대적으로 무거워진 뇌의 무게, 출생 후 한 동안 두개골 성장 지속과 작은 치아들이 있다. 이 모든 특징들은 유년기 원숭이들의 특징이다.

이것이 사실이라면 사람이 되는 것은 부분적으로는 발생과정 시기를 조절하는 유전자들의 변화로부터 온 결과일 수도 있다. 일반적인 용어로 표현하자면 유년기 특징을 유지하는 것이 진화에 중요한 것일 수도 있다. 여기에 스티븐 제이 굴드(Stephen J. Gould)는 〈유형성숙과정(neoteny)은 특수화로부터 도피하는 것이다〉라고 했다. 즉 동물들은 고도로 특수화된 성체형을 떨쳐버리고 변하기 쉬운 젊음으로 돌아가 스스로 새로운 진화 방향을 준비할 수 있다는 것이다.

발생 억제

진화의 변화를 보는 한 방법은 발생 기작 자체에 있다. 예를 들어, 발생 중인 사지싹을 넓히면 손가락 하나가 더 나타날 수 있다(4장). 이런 손가락 하나를 더 만들도록 하는 데는 복잡한 유전적 변화가 필요없다. 문제는 손가락이 있느냐 없느냐이고, 중간 형태는 없다는 것을 유의하라. 배아가 손가락 하나를 더 만들거나 잃어버리는 것은 아주 쉬워서, 이런 쉬운 발생 변화가 바로 변화의 기본이 된다. 또한 형을 만드는 데 기본이 되는 세포층 접기도 배아에게는 너무 쉬워서 복잡한 유전적 변화를 필요로 하지 않는다. 또 다른 한 예는 크릭(Crick)이 한 연설에서, 자신 있게 말한 명언으로 배아는 줄무늬를 매우 좋아한다는 것이다. 배아에서는 한 지역을 여러 부분으로 똑같이 쉽게 나눌 수 있는 것 같다.

배아에게 어떤 변화들은 쉽지만, 또다른 어떤 변화는 매우 어렵다. 손가락을 하나 더 만드는 것은 쉽지만, 상박골 혹은 사지 전체를 하나 더 만드는 것은 어떨까? 이상야릇한 가능성을 한번 생각해 보면 간세포나 눈이 손가락 끝에서 발생할 수 있을까? 발생 억제가 진화에서 중요한 조절 인자일까?

미국의 진화유전학자인 테오도르 도브잔스키(Theodor Dobzhansky)가 주장한 문제는 발생 억제이다. 그는 인간이 천사로 진화할 수 있을까 하고 질문해 보았다. 적당한 선택으로 천사의 기질로 진화하는 것은 가능하다. 그러나 팔에 덧붙여 한 쌍의 날개가 더 진화되어 나올 가능성은 없다. 다른 방법은 여러분이 좋아하는 만큼 충분한 시간이 주어진다면——다세포 생명이 존재할 수 있다고 생각되는 한 수 십억 년까지——여러분이 좋아하는 만큼 많은 사람들이 주어진다면, 천사는 아닐지라도 날개 달린 사람을 키워내는 번식 프로그램을 고안하는 것이 가능할까? 팔, 즉 날개가 한 쌍 더 발생하도록 하는 돌연변이와 선택이 날개를 만들어낼 수 있을까? 더 일반적인 질문은 우리가 상상할 수 있는 모든 형태를 배아가 만들 수 있는가 하는 것이다. 다른 것에 비해 만들어내기가 훨씬 어려운 어떤 형태가 있을까? 혹은 효과적으로 어떤 형태를 얻지 못하도록 진화상 발생을 억제하는 것이 있을까?

원칙적으로 천사 문제를 해결하는 쉬운 해결책이 있긴 하지만 속임수이다. 필요한 유전적 변화가 무엇인지를 충분히 안다면, 필요한 것은 모든 사람의 DNA를 조사하고 DNA상의 변화를 원하는 방향으로 진행시키도록 선택하는 것이다. 이는 DNA를 조사하고 개체 수준이 아닌 유전자 수준에서 선택해야만 얻을 수 있는 특권계급의 지식이므로 속임수이다. 진화에서 선택은 DNA상에서가 아닌 동물에 작용한다. DNA의 변화는 대부분 해로운 효과를 가져와 필요한 변화를 일으키지 않는다. 그래서 원하는 변화를 선택할 방법은 없다. 예를 들어, 팔이 하나 더 생기는 것을 생각해 보아라. 중간 형태가 없기 때문에 선택할 방법이 없다. 팔이 약간만 더 증가하는 선택 같은 것은 없다.

이는 실무율(all or none)이다. 돌연변이 때문에 또 하나의 팔이 발생할 확률은 매우 희박하다——사실상 무시해도 된다. 확률이 적은 이유는 많은 유전자들이 조화롭게 변화되어야 하는데 실제로 이것이 동시에 일어날 확률은 영이다. 마찬가지로, 털 대신 깃털을 만들려면 상당히 많은 수의 유전자가 변화되어야 하는데 중간 단계를 선택할 방법이 없다. 반대로 털을 길거나 짧게 또는 두껍게 만드는 것은 매우 쉬운데 이유는 이런 성질들이 계속적으로 바뀌기 때문이다. 천사의 기질을 만드는 일도 마찬가지이다.

유전적 조절과 함께 발생 기작은 동물 형태가 진화하는 것을 심각하게 억제한다. 척추동물이 팔의 기본 패턴을 유지하는 것은 선택압

(selective pressure)이 아니라, 그 기본 패턴의 변화는 거의 일어날 수 없다는 것이다. 그러므로 상상의 동물 모두가 가능한 것은 아니다. 어떠한 진화설도 발생 기작으로 치고 통합되어야 한다.

발생의 진화

세포가 기적적으로 진화한다면, 그 다음 문제는 배아 그리고 발생 자체가 어떻게 진화될까 하는 것이다. 자연의 대승리인 배아의 기원은 무엇이었을까? 배아가 다세포 동물을 만들기 위해서는 진화에 필요한 새로운 특징들은 무엇일까? 예를 들어, 낭(장)배 형성 같은 배아 과정의 기원은 무엇일까? 일단 세포가 주어지면 새로운 주요 단계나 새로운 대단한 발명은 필요 없는 것 같다. 세포가 이미 가지고 있던 성질을 사용하고 약간 다른 방법으로 명령하는 것이 필요한 전부이다.

발생에는 유전자 활성 프로그램, 공간 구성, 세포 이동이 필요하다. 이 모든 것들은 원시 세포에 이미 존재하고 있다. 증식을 위한 세포의 능력이란 필요한 모든 성질을 이미 가지고 있다는 것이다. 세포의 증식과 관련된(11장) 세포 주기에는 잘 규정된 유전 프로그램이 있어서 세포가 연속적인 세포주기 단계를 무사히 지나가도록 한다. 유전자의 특정 세트 하나가 켜지거나 꺼져서 특정 단백질이 만들어지므로 이 단계들을 세포 분화의 각기 다른 상태로 생각할 수 있다.

또한 각 세포 분열마다 패턴이 잘 짜여진 공간 구성이 있어 염색체를 배분하고 세포를 둘로 나눈다. 이동 역시 이미 일어난 것이다. 물론 세포들이 서로 의사 소통하는 것이 필요했고, 단일 세포에서 다세포 개체로 전이되는 데 관련된 문제들을 무시하는 것은 아니지만, 대단히 많은 새로운 것들이 발명되어야 했다고 믿어야 할 이유는 없다. 게다가 섬모류 같은 어떤 단세포 동물은 공간 구성을 조직할 능력이 이미 현저하게 진화되었다(13장).

단세포에서 다세포로 전이가 된다면, 배아 자체가 어떻게 진화하는가가 여전히 문제로 남는다. 낭배 형성을 생각해 보라. 낭배 형성 동안 일어나는 이 복잡한 이동들은 어떻게 진화될 수 있었을까? 또한 이런 과정을 선택하는 유리한 점은 무엇일까? 그 답을 위해서 헤켈로 돌아가야 한다. 비록 그는 〈개체발생은 계통발생을 반복한다〉에서 틀리긴 했지만 기본틀 내에서 그럴 듯한 낭배의 진화 기작을 마련해주었다. 그는 낭배 단계는 매우 원시적 조상인 가스트리아(Gastrea)의 성체 단계를 나타낸다고 생각했다. 약간만 고치면 이는 대단한 이론이다.

가장 초기의 다세포 개체는 속이 빈 공 모양의 세포 덩어리로 그이상도 아니었다. 발생에 필요한 것은 원시적인 알이 분할하도록 하는 난할이 전부였다. 그 다음 진화 단계는 소화 같은 어떤 특정 기능을 소유한 약간의 세포들이 벽에서부터 내부로 유입되는 것이었다. 그러나 중요한 단계는 원시적인 입이나 장의 선구자인 어떤 특정 먹이 섭취 지역을 형성하는 것이었다. 헤켈의 이론으로, 바다 밑바닥에 살며 표면에서부터 먹이를 먹는 공모양의 세포를 상상해 보아라. 표면에 닿는 일부 세포들은 더 작은 단세포 동물을 잡아먹도록 특수화되었을 수도 있다. 그 다음 먹이를 잡도록 세포층이 안으로 접히는

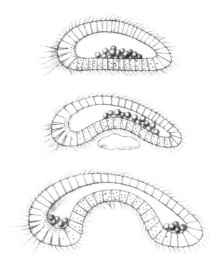

원시 장의 형성 과정. 속이 빈 초기 다세포 개체(위)에서 일부 세포들이 먹이 섭취 지역을 형성(아래)하면서 진화하였다.

일이 일어났을 것이다.

다음은 원시 장의 형성으로 먹이를 먹도록 특수하게 안으로 접히는 것이다. 이것이 헤켈의 원시 가스트리아이고 어쩌면 낭배 형성의 기원이다. 더 넓게 안으로 접히는 것이 필요한 개체는 원시적인 장은 있지만 아직 입은 없다. 이 가스트리아는 히드라 같은 동물의 유충 단계나 성게의 낭배 형성의 초기 단계와(2장) 매우 흡사했을 것이다. 이런 원시적인 동물들은 현재 일어나고 있는 낭배 형성의 어느 단계와 흡사했을 것이다. 이런 것이 정확한지는 아직 밝혀지지 않았지만 이는 낭배 형성이 진화될 수 있었던 방법을 제시해준다.

발생은 지난 10억 년에 걸치는 동안 다소 모험적이 아니었다. 어떤 새로운 발생 기작이 진화되어 온 것 같지는 않다는 면에서 모험적이 아니라는 것이다. 그러나 동물 생명의 다양성은 놀랍다. 분화, 패턴화, 형태 형성의 기본 기작은 아마도 바뀌지 않았을 것이다. 배아의 대승리는 이런 기본적이고 원시적인 기작들을 눈부신 성공으로 활용한 것이었다.

7.5

발생 프로그램

발생을 공부하는 사람은 누구나 놀라움과 기쁨으로 가득차지 않을 수 없다. 배아의 발생은 실로 주목할 만한 과정이다. 발생과정을 이해하면 경이로움을 절대로 배제할 수 없다. 물론 우리는 배아가 어떻게 발생하는가를 부분적으로만 이해하지만, 적어도 윤곽을 보고 대부분의 주제를 파악할 수는 있다. 일반적인 원리들이 하나씩 드러나는 것 같지만, 해야할 일들이 아직도 엄청나게 많이 있다. 어려운 문제는 세포가 어떻게 작용하고 유전자들이 이 활성들을 어떻게 조절하는지를 이해하는 것이다.

배아는 자기가 만들어낼 동물에 대한 어떤 설명서도 가지고 있지 않지만 발생 프로그램은 가지고 있다. 발생 프로그램이란 요리법 같아서 설명적인 프로그램과 전혀 다르고, 아주 간단한 프로그램에서 매우 복잡한 형이 나올 수 있다. 발생 프로그램이란 본질적으로 유전자 내에 포함되어 있고, 유전자는 무슨 단백질을 만들어낼 것인지를 조절함으로써 자기의 영향을 발휘하므로, 어떤 면에서 발생이란 세포 행동을 조절하는 특정 단백질이란 용어로 생각될 수 있다. 궁극적으로 유전자와 패턴과 형태 사이를 연결하는 것은 세포 행동이기 때문이다. 팔이나 다리를 만드는 유전자는 없지만 팔 다리 형성시 활성화되는 특수 유전자들은 있다. 발생이 복잡한 것은 특정 단백질 합성이 변할 때 세포들 사이나 세포 내에서 일어나는 단계적인 효과들 때문이다.

배아에는 발생 청부업자(master-builder)가 없다. 발생 중인 배아의 각 세포들은 모두 똑같이 유전 정보에 접근할 수 있다. 각 세포들은 그 동물을 만드는 데 사용되는 유전자 세트를 똑같이 가지고 있다. 세포 사이의 차이를 만들기 위해서 세포는 서로서로 대화해야 한다. 이런 상호작용들이 얼마나 복잡한지는 밝혀내야 할 숙제이다. 같은 신호가 반복해서 쓰일 수도 있다.

또 자기 자신의 발생 역사에 의해서 결정되는 세포의 내부 프로그램에 따라 다른 반응이 나올 수도 있다. 발생 중인 심장의 세포 하나와 사지 세포 하나는 전혀 다른 발생 경로를 따르므로 똑같은 신호에 대해서도 다르게 반응할 것이다. 일반적인 용어로 세포 사이의 핵심 신호들은 숫적으로 몇 안 된다고 추측된다. 그러나 이것이 상당히 낙관적으로 판명될지 안 될지는 아직 모른다.

배아 구성의 일반적인 원리는 〈작은 것이 아름답다〉는 것이다. 중앙 정부는 없지만 작은 자치 지역이 많이 있다. 즉 기본적인 패턴이 확립될 때 세포들 사이의 모든 상호작용은 비교적 작은 세포군에서 일어나고 신호들은 약 20개 세포 길이를 거쳐 지나가는 드물다. 그리고 시스템이 점점 더 커지면 다수의 자치 지역으로 갈라져 발생이 주로 독립적이다. 배아 구성상 많은 세포들간의 대화를 동시에 취급할 수 없다.

발생에 관련된 유전자들을 세 부류로 나눌 수 있다. 패턴 형성에 관련된 유전자들, 세포 분화에 관련된 유전자들, 모양 변화와 성장에 관련된 유전자들이다. 발생이 패턴화, 분화, 형태 변화의 순서로 일어난다고 생각될 수도 있다. 진짜 그렇게 일어난다면 그 과정들과 연속적인 유전자 활성화는 서로 어떻게 연관되었는지를 알 수 있을 것이다. 패턴화 유전자들은 어떤 화학물질이 특정한 농도에 있을 때 작동된다. 그 유전자 산물이 분화 유전자에 인접한 DNA에 결합하여 그들을 활성화시킬 수 있다. 게다가 그 산물들은 세포응집분자 같이 형태를 변화시키는 데 관련된 유전자를 활성화시킬 수도 있다. 적어도 원칙적으로 이는 그럴 듯한 각본이다.

발생 프로그램의 본질에 대해 아직도 밝혀야 할 부분이 아주 많다. 얼마나 더 많이 가야 하는지조차 알 수가 없다. 우리는 옳은 원리를 가지고 있는 걸까? 우리가 지금 발생에 대해 생각하고 있는 것을 완전히 뒤집을 뭔가 대단히 놀라운 것이 일어날까? 이는 의심스럽다. 그렇더라도 아직도 밝혀져야 할 유전자가 수 천 개이고 각 유전자가 세포 행동을 어떻게 조절하는가를 이해하기 위해서는 오랜 기간에 걸친 연구가 필요할 것이다.

세포 내 화학 반응의 내부 회로망이 세포 사이의 상호작용보다 훨씬 더 복잡하기 때문에, 보기에 따라서 세포 자체가 다소 주된 방해물이 된다. 세포는 배아보다 더 복잡하다. 다세포 동물이 재생하는 것과 매우 비슷한 방법으로 단세포가 자기 표면에서 패턴을 조절하는 대단한 능력보다 이를 더 잘 설명할 수 있는 것은 없다. 이 과정을 이해하면 기본적인 발생 원리를 밝힐 수 있을 것이다.

발생학은 매우 흥미로운 단계에 와 있다. 분자생물학의 출현과 분자적 기술의 도입으로 때늦었지만 현재 알 수 있는 것은 물론이고 지금까지 정체적인 국면으로 여겨져왔던 고전적인 배아학을 지혜롭게 전환시켰다. 고전적인 접근들이 가치가 없는 것은 아니다. 우리가 지금 분자적인 용어로 분석할 수 있는 문제들을 규정할 수 있게 도와왔다. 초파리의 발생 연구로 얻은 결과에서 나타난 증거보다 더 흥미로운 것은 어디에도 없다.

유전학, 고전 배아학, 분자생물학의 조합은 발생 프로그램에 대한 가장 선명한 그림을 줄 수 있을 뿐 아니라 더 중요한 것은 다른 개체에서도——개구리에서 생쥐까지——핵심적인 발생 유전자를 확인하는 도구가 되었다는 것이다. 척추동물에 대해 연구하는 사람들은 초파리를 연구하는 사람들에게 큰 빚을 진 것이다.

나는 일반적인 발생 원리가 밝혀지리라고 항상 믿어 왔다. 이것이 이루어졌다고 확신하기에는 너무 이르다. 현재는 이런 원리에 근본이 되는 유전자 회로망, 농도구배, 세포 응집력, 이동들을 알게 되었다. 모든 배아에서 세포 사이의 신호는 같지 않더라도 적어도 다른 언어가 아닌 사투리를 사용하는 것 같다. 그러나 나의 기대 이상으로 유전자 수준에서는 파리나 생쥐 같이 전혀 다른 그룹에서도 기능은 비슷할 것이다. 아직도 그림이 그려지고 있는 중이다. 파리의 초기 배아 패턴화에 관련된 유전자들은 생쥐에서 비슷한 유전자를 확인하는 데 사용되어 왔다. 예를 들어 파리에서 뒤쪽 패턴화를 조절하는 유전자는 생쥐의 뒤끝을 조절하는 유전자와 밀접하게 관련되어 있는 것 같다. 수백만 년을 통해 발생은 기본 기작을 보존해 오고 있다.

발생은 모든 생물학에 절대적으로 근본이 되기 때문에 배아의 발생 연구를 굳이 정당화할 필요는 없다. 그러나 이런 연구에서 무슨 혜택이 있을지 물어보는 것은 타당하다. 발생에 대한 이해에 큰 진전이 있음에도 불구하고 아직까지 실제적으로 그 혜택은 매우 제한되어 있다.

가장 좋은 예는 체외 수정(in vitro fertilization)과 유전적 질병을 태어나기 전에 진단하는 것이다. 비록 필요한 지식들이 발생 중 극히 초기 단계에만 국한되어 있더라도, 발생을 이해하는 것이 이 영역을 발전시키는데는 기본이다. 미래에 발생에 대해 이해하면 언청이(cleft lip)나 이분 척추 같은 기형 출산에 더 잘 이해할 수 있으리라는 데 의심의 여지가 없다. 20명 중 1명 꼴로 어떤 종류든 기형을 갖고 태어난다. 탈리도마이드(thalidomide)가 사지 기형을 왜 일으키는지 실제 밝혀진 것이 없다.

어떤 지식에 대해 이해하면 실제적으로 혜택을 받는 것을 꼭 뜻하는 것은 아니다. 그러나 거의 필수적이다. 〈우리는 미래를 소급하여 지향한다(We enter the future backwards)〉라고 폴 발레리(Paul Valéry)가 한 말을 기억해야 한다. 대단한 혜택을 약속하는 것은 가능성을 부인하는 것처럼 어리석은 것이리라. 유전적 구성을 변화시키는 새로운 기술을 이용하면——윤리적 논쟁은 제쳐두고——유전자가 발생을 조절하는 방법을 이해하는 엄청난 실제적 가치가 될 것이다.

현재는 영원과 달리 포유류 사지는 자기의 배아 특징을 잃어버려 자기의 위치값을 변화시킬 수 없다는 말로, 포유류가 사지를 재생하지 못하는 무능력을 설명할 수밖에 없다. 그러나 미래에는 상황을 바꿀 수 있는 가능성이 있을시 누가 알겠는가? 아마도 우리가 희망하는 시기보다 훨씬 더 일찍 난자 내 유전 정보와 세포가 작동하는 방법을 상세히 알면, 배아가 어떻게 발생될지를 계산할 수 있을 것이다. 이것이 또 하나의 대승리가 되리라.

역자 후기

　발생학을 강의하면서 항상 희비가 엇갈린다. 발생학이란 학문이 강의만으로 끝날 것 같은 비애감에 젖곤 한다. 실험을 통하여 발생과정의 각 단계들을 모두 보여주고 싶다. 하나의 세포인 수정란이 개체로 탄생하기 위해서는 크기 및 형태의 변화가 시간과 공간에 맞춰 조화를 이루어야 한다. 그러나 발생학이란 학문의 성격상 용도에 맞는 다양한 실험동물이 필요하며, 결과를 보기 위하여 짧게는 몇 시간 길게는 몇 년의 장시간을 요한다. 또한 조직이나 기관들의 변화를 관찰할 수는 있으나, 눈에 보이지 않는 분자나 세포들의 상호작용으로 그 현상들을 납득시키기는 현실적으로 어려움이 많다. 저자는 이러한 총체적인 난제들을 각각으로 해부하여 일반인들이 보다 이해하기 쉽게 설명하고, 발생과정에서 나타나는 현상들을 일반화하려고 노력하였다.

　복제 동물들이 태어나기 시작하면서 발생학에 대한 관심이 높아졌다. 하나의 생명체를 통째로 복제할 수 있는 기술 향상으로 인간의 복제마저 운위되고 있는 실정이다. 좁게는 필요한 장기만을 만들어낼 수 있는 가능성도 제기되었지만 파생되는 부작용도 적지 않게 생길 것이다. 여태까지 공상과학으로만 여겨졌던 상상이 현실화되고 있는 시점에서 인류에게 미칠 영향을 신중하게 고려해야 한다. 더욱이 최근에 인간을 구성하고 있는 유전자의 염기쌍을 밝혀내는 인간 게놈 프로젝트가 완성되었다. 게놈지도로 인한 수많은 혜택 중 하나가 바로 발생학의 놀라운 발전이 될 것이다. 각 유전자의 작용은 물론이고 유전자들의 상호작용을 이해함으로써 생명의 신비가 송두리째 벗겨질 것이다.

원어를 우리말로 옮기는 과정에서 어려움이 적지 않았다. 영어의 한 단어가 우리말에는 여러 용어로 사용되는 경우에 가장 이해하기 쉬운 평이한 용어를 선택하였고, 가능한한 용어는 혼동을 피하려고 고심하였고, 우리말이 전혀 사용되지 않는 용어는 원어를 그대로 사용하기도 하였다. 독자들에게 너그러운 양해를 구한다.

전문성을 깊이 간직한 이 책을 소설처럼 간주하지 말기 바란다. 때로는 따져가면서, 때로는 생각하면서, 때로는 3차원 공간에서 시간에 따른 변화를 추적하면서, 때로는 첨가된 그림을 유심히 관찰하면서 이해하기 바란다. 발생학 분야에서 밝혀진 부분보다 앞으로 밝혀내야 할 부분들이 훨씬 더 많음을 인식하기를 역자로서 소망한다.

2001년 2월
용인 부아골에서
최돈찬

찾아보기

하나의 세포가 어떻게 인간이 되는가

1판 1쇄 펴냄 2001년 3월 10일
1판 13쇄 펴냄 2016년 11월 25일

지은이 루이스 월퍼트

편집주간 김현숙 | **편집** 변효현, 김주희
디자인 이현정, 전미혜
영업 백국현, 도진호 | **관리** 김옥연

펴낸곳 궁리출판 | **펴낸이** 이갑수

등록 1999년 3월 29일 제300-2004-162호
주소 10881 경기도 파주시 회동길 325-12
전화 031-955-9818 | **팩스** 031-955-9848
홈페이지 www.kungree.com
전자우편 kungree@kungree.com
페이스북 /kungreepress | **트위터** @kungreepress

ISBN 89-88804-33-3   03470

값 10,000원